JN002184

データドリブン脱炭素経営

エネルギー効率の指標化によるグリーン成長戦略

筒見憲三
TSUTSUMI KENZO

幻冬舎 MC

データドリブン脱炭素経営

エネルギー効率の指標化によるグリーン成長戦略

はじめに

日本企業にも本格的な「脱炭素経営」を採り入れる時代が到来しました。これまでの中途半端な「低」炭素ではありません。「脱」炭素なのです。企業が自らの事業を通じて排出する温室効果ガス・CO2を限りなく「ゼロ」にする事業構造に変革していくことです。そこでは、脱炭素経営への変革を行うための積極的な投資を行いつつ、同時に企業業績を伸ばし成長していくことが求められます。つまり、事業の脱炭素化と成長を両立できる企業だけが持続可能な経営力を保有する企業として、投資家や消費者に評価されて生き残っていくことができる時代になったということです。

この背景としては、昨年の2020年10月、わが国における2050年までのカーボンニュートラル宣言を受けて、日本の産業界の各企業においても本腰を入れて脱炭素化への計画策定と具体的な施策の実施が求められたことがあります。さらに、その後、本年2021年4月22日から23日に、米国が主催する気候変動に関する首脳会議（気候変動サミット）がオンラインで開催され、日本政府は温暖化ガスの排出量を2030年度までに2013年度比で46%減らす「削減目標」を表明したことも、さらに脱炭素化への流れを加速させております。この削減目標値は、今までは26%としていたものが、一挙に46%に積み増しされたということで、あと残された9年弱の間で、その実行性が国際的に問われることとなります。

もうすでに半世紀前近くとなった1970年代初頭、突然の原油価格の高騰、いわゆるオイルショックの襲来によって、当時のわが国の経済基盤を支えていた企業群は、決死の覚悟を持って自社の省エネルギー・エネルギー効率化に邁進し、その苦闘の結果としてわが国の産業界は世界で冠たる「省エネルギー先進国」の名を獲得しました。

その後、筆者自身が省エネルギー・エネルギー効率化をビジネスとして進めるESCO（Energy Service Company：エネルギーサービス会社）の立ち上げに奔走していた1990年代半ば当時は、特に産業界における生産施設・工場においては「絞り切った雑巾状態であり、そこにはもう省エネルギーやエネルギー効率化ビジネスのネタになるような余地はないよ」とよく言われたものでした。

確かに厳しいオイルショックを切り抜けた企業の運営する工場群の現場は、それらの業態に対して素人である第三者が省エネルギー診断等で入って行っても、簡単に無駄を見つけ改善する方策を特定することなどはできませんでした。一方で当時（１９８０年代）は、わが国の電機産業や半導体産業群が世界市場を席巻しており、国内には彼らの工場群が多数あり、そこではとにかく生産優先で省エネルギー・エネルギー効率化という発想はあまりありませんでした。それが１９９０年代に入り、電機業界も半導体業界もグローバル競争環境が激化してくると、製造原価の低減という命題も相俟って、コストダウンにつながる省エネルギー・エネルギー効率化の要望が増えつつもありました。

そのような業種の企業の要望に応えるために、オイルショックをまさに現場で若手として経験してきた技術陣・エンジニアたちが、省エネルギー診断員として電機機器製造工場や半導体工場へ入り、さまざまな無駄取り、効率化方策を提案し実行することになりました。それが結果として、省エネルギー・エネルギー効率化をビジネスとして展開しつつあったＥＳＣＯ事業の成長にも大いに寄与してくれ、あらためて厳しいオイルショックを生き抜いた製造業の現場人材力の優秀さを実感したものです。

さて、２０００年代に入ってからの省エネルギー・エネルギー効率化の実態はどうなったでしょうか。１９９７年に京都で開催された気候変動枠組条約第３回締約国会議（ＣＯＰ３）で採択された京都議定書の影響もあり、地球温暖化・気候変動に対処するためには省エネルギー・エネルギー効率化が重要であると言われつつも、産業界における反応はいまだに「絞り切った雑巾論」が幅を利かせており、引続き生産現場ではコストダウンとしての省エネルギーは進められていたものの、あまり積極的・能動的な対応はありませんでした。

そこには気候変動対策をあまり積極的に対応することは、企業の成長に対してマイナスになるというトレードオフ論がもっともらしく語られていました。特に、省エネルギー・エネルギー効率化というイメージはネガティブ感が満載であり、産業界の経営者の主要な関心事ではないようにも感じられました。

例えば、経済産業省が主管する「エネルギーの使用の合理化等に関する法律（通称、省エネ法）」によって大規模施設や工場には一定以上の規制が入っておりますが、おそらくその規制への企業としての対応は現場担当者に任せきっており、それらの規制に合致している以上は経営陣が気にする経営課題ではないようになっておりました。

そうこうしているうちに、かつては「省エネルギー先進国」の名をほしいままにしてきたわが国の産業界は、21世紀に入ってからの20年間の停滞により、国際的には「日本は気候変動対応と経済成長との切り離し（デカップリング）に戸惑っている」とのレッテルを貼られてしまいました。このような不名誉な結果の一因には、企業の経営陣が省エネルギー・エネルギー効率化にあまり関心を向けてこなかったことにもあるのではないかと筆者は考えております。

そんな状況下において、2019年後半から世界経済をどん底に陥れたコロナ禍という誰も予想すらしなかった苦難が降りかかってきました。この未曾有の苦難の克服もまだまったく見通せない中で政府による2050年のカーボンニュートラル宣言が出され、日本国としての脱炭素化へのスタートを切り始めました。そして、2030年に向けた46％削減という、それまでの26％から大幅な目標の積み増しとなり、国際的な約束事となりました。

今後、わが国は経済の復興のみならずさらなる経済成長と脱炭素化をどう両立させていくのでしょうか。特に、グローバルビジネスで厳しい競争を強いられている産業界においては、個別企業ごとに自らの成長と脱炭素化の推進を両立させ、未来に向け持続可能な企業であることを示すことが最大の経営課題となってきました。

今こそ日本企業は、企業自体の抜本的な変革による独自の脱炭素経営路線を確立し、その長く険しい道のりを歩んでいくべき時なのではないでしょうか。

「赤信号、皆で渡れば怖くない」的な業界団体等の主導による集団的な対応ではなく、個社独自での2050年のカーボンニュートラル時代に合致した「脱炭素化ビジョン」を掲げて、経営陣とそれぞれの現場とが一体となって腹を据えて取り組んでいく時ではないでしょうか。

そのためには、やるべきことは多岐にわたり、何から手をつけるべきか悩ましいところかと推察しますが、最初にやるべきことは、まずは企業自らが筋肉質になることだと筆者は強調したいのです。例えば、先進国の中でも最低と言われている労働生産性を高めること、そのためには現場レベルにおけるデジタル化も必須のテーマとなるでしょう。企業内におけるあらゆる無駄を省き非効率業務を改め生産性を高めること、急がば回れ、まずはそこからスタートすることです。

そこで筆者が四半世紀にわたって取り組んできた省エネルギー・エネルギー効率化という課題は、企業が自ら筋肉質になるためには必須のものです。さらに今後の脱炭素経営下では、従来の省エネルギー・エネルギー効率化の既成概念を捨て去り、新しい発想に基づいた行動の基軸としてエネルギー生産性（EP：Energy Productivity）の向上へと会社の舵を切る必要があります。

このEPは、分子に売上、利益、付加価値などの経済的な指標を用い、分母にエネルギー消費量を充てるものです。ＥＰを改善していくということは、まず何よりも売上、利益、付加価値を高めることであり、同時に、エネルギー消費量は増加させない、むしろ低下させることにより、このＥＰは改善していきます。

また、このＥＰは炭素生産性（ＣＰ：Carbon Productivity）とも直結する指標です。企業における炭素排出の9割近くはエネルギー消費によるものだからです。したがって、脱炭素経営の最終的な目標であるＣＰの向上は、このＥＰの向上とほぼ同義となります。

本書では、従来の「絞り切った雑巾論」からの脱却を企図し、新しい省エネルギーやエネルギー効率化の発想による「省エネルギー3・0」の基本思想、そこでは「エネルギー生産性（ＥＰ）の向上」と、ひいては「炭素生産性（ＣＰ）の向上」による脱炭素経営の構築に資する考え方と具体的方策について言及し、気候変動対策の推進と企業成長を両立する個別企業におけるデカップリング達成に向けた指針を示したい。

そして、省エネトップランナーの日本として「省エネルギー先進国」という国際的な地位を再び獲得したいのです。

このことを実現するためには、何が最も重要でしょうか？

筆者は各所現場レベルにおけるデジタル化を前提としたデータ類の取り扱い方にあると考えております。そもそもなぜわが国はデジタル化がこれほど遅れているのでしょうか。すべてはデータの取り扱い方にその原因があります。現状のようにカーボンニュートラル達成に向けた基礎体力が不十分のままでは、日本企業の脱炭素経営への早期転換も失敗に終わるでしょう。そのあたりを本書にて順を追って説明し、データドリブンによる脱炭素経営への転換が円滑に進む具体的な方策を示していきます。

日本企業の基礎体力をつけるためには、ＥＰ（エネルギー生産性）とＣＰ（炭素生産性）という指標を活用して、まずは遅れているデジタル化に着目したＤＸ（デジタルトランスフォーメーション）を推進するとともに、企業体質自体を筋肉質に転換すること、つまりＣＸ（コーポレートトランスフォーメーション）をすることです。さらに、その先には、脱炭素、カーボンニュートラルを睨んだＧＸ（グリーントランスフォーメーション）企業への変革を目指して行ってほしいのです。

「当社はすでに脱炭素経営確立に向けた社内体制と推進計画は十二分に構築・策定済みである」という経営者の方々は、本書をお読みいただく必要はないでしょう。

「まさに早急に脱炭素経営確立に向けた計画を立て行動計画を作り、今までの自社の事業構造に拘ることなく実施に向けた大胆かつ具体的な活動を開始したい」という経営者の方々、これから経営者になろうという方々、また実際に現場にてその厳しい業務を実行に移さなくてはならない未来の経営者候補の方々には、本書をお読みいただくことで多少なりとも参考になれば幸いです。

目次

はじめに　3

第一章　生産性伸び悩む日本産業――17

低位に甘んじる日本企業の国際競争力……18
労働生産性の低さこそが日本企業の競争力低下の原因……21
デジタル化の遅れによる低い労働生産性……24
なぜ日本企業のデジタル化は遅れたのか……27
デジタル化によるサービス産業化が労働生産性を向上する……29
サービス化が実現する事業構造の変革……32

第二章　省エネは脱炭素社会実現の大前提　35

なぜ「脱炭素化」が注目されるのか……36
カーボンフットプリントや国境炭素税の意義……39
省エネは「脱炭素」の基本中の基本……40
オイルショックを切り抜けた現場力……43
停滞するエネルギー消費原単位……45
「絞り切った雑巾論」は本当か？……49
デジタル化が新たな省エネルギーの手段になる……52

第三章　EP・CPを脱炭素経営への基本指標に　57

気候変動対策と経済成長は両立できないのか……58
なぜ日本はデカップリングに手間取ることとなったか……61
エネルギー生産性を経営指標に……64

エネルギー生産性（ＥＰ）と炭素生産性（ＣＰ）の国別比較……67
省エネ法の機能・役割と現状の問題・課題は？……73
省エネ法の「ベンチマーク制度」とは？……79
今後、省エネ法をどうしていくべきか？……84

第四章　イニシアチブ参加で高める国際発信力――87

エネルギー生産性の向上に絡んだ国際イニシアチブ……88
三位一体の国際イニシアチブ対応……92
なぜか日本では人気のないＥＰ１００……94
ＥＰ向上による「絞り切った雑巾論」からの脱却から……98
次世代型の省エネルギーとしての「省エネルギー３・０」……100

第五章　脱炭素経営への転換に向けた処方箋――107

脱炭素化の処方箋をいかに考えるか？……108

まずは2030年までの行動計画策定と実施を…… 110
脱炭素化への処方箋（業務系施設）…… 112
脱炭素化への処方箋（生産系施設）…… 115
再エネ電力の調達戦略と戦術…… 118
再エネ調達における留意点…… 123

第六章　データドリブン脱炭素経営へ―― 127

DXによる現場の人的対応への高依存度からの脱却…… 128
脱炭素経営に必須の「体重計」としてのEnMSとは…… 131
オンサイトでの収集データをどう使うか？…… 137
オフサイトでの収集データをどう使うか？…… 143
EnMS×ブロックチェーン技術によるカーボントレーサビリティ…… 145
サステナブルファイナンスの実効性を高めるEnMS…… 149
TCFD開示対応も推進するEnMS…… 151
さらなるデータ融合・統合によるイノベーションを…… 153

データドリブン脱炭素経営に必要な人材をどうするか？……157

おわりに
〜不退転の決意で「データドリブン脱炭素経営」を実現するためには〜 161

企業とＳＤＧｓの関係……161
脱炭素経営におけるＳＤＧｓの捉え方……164
「もったいない精神」による日本国の復権を……166
脱炭素経営を通じたコロナ禍の克服を……169
22世紀を生きる君へ……172

第一章　生産性伸び悩む日本産業

低位に甘んじる日本企業の国際競争力

現在の日本経済の状況をひとことで表すならば、どんな表現が当てはまるでしょうか。コロナ禍の極めて厳しい状況のなかでも、懸命にそれぞれの場所で最善を尽くしていることには、疑いの余地はありません。ただ、そうであっても結果的に、「失われた10年」あるいは「失われた20年」というネガティブな表現を耳にするたび、そしてそれに半ば慣れつつあることを、筆者は大変悔しく感じています。

実際に、データから見ても日本の国際力低下は明確です。経済指標としての1人あたりGDPは、2000年代に入り年々低下し、近年は持ち直しの傾向も見られるものの、23位という位置に甘んじています（2020年）。また、国際競争力としても1997年に急落して以降、浮上のきっかけを掴めないまま、34位に留まっています（2020年）。

振り返れば、1980年代に全盛期を迎えた日本企業は、その後、バブル経済の崩壊を迎えてより凋落の一途を辿ってきたと言われています。筆者は1988年より1991年までの約2年半をアメリカのボストンで過ごしましたが、当時の日本経済は超活況を呈しており、世界経済を制する日本国というような勢いがありまし

図表1 **日本のGDPおよび国際競争力の推移**

日本の１人あたりGDP金額と国際順位の推移

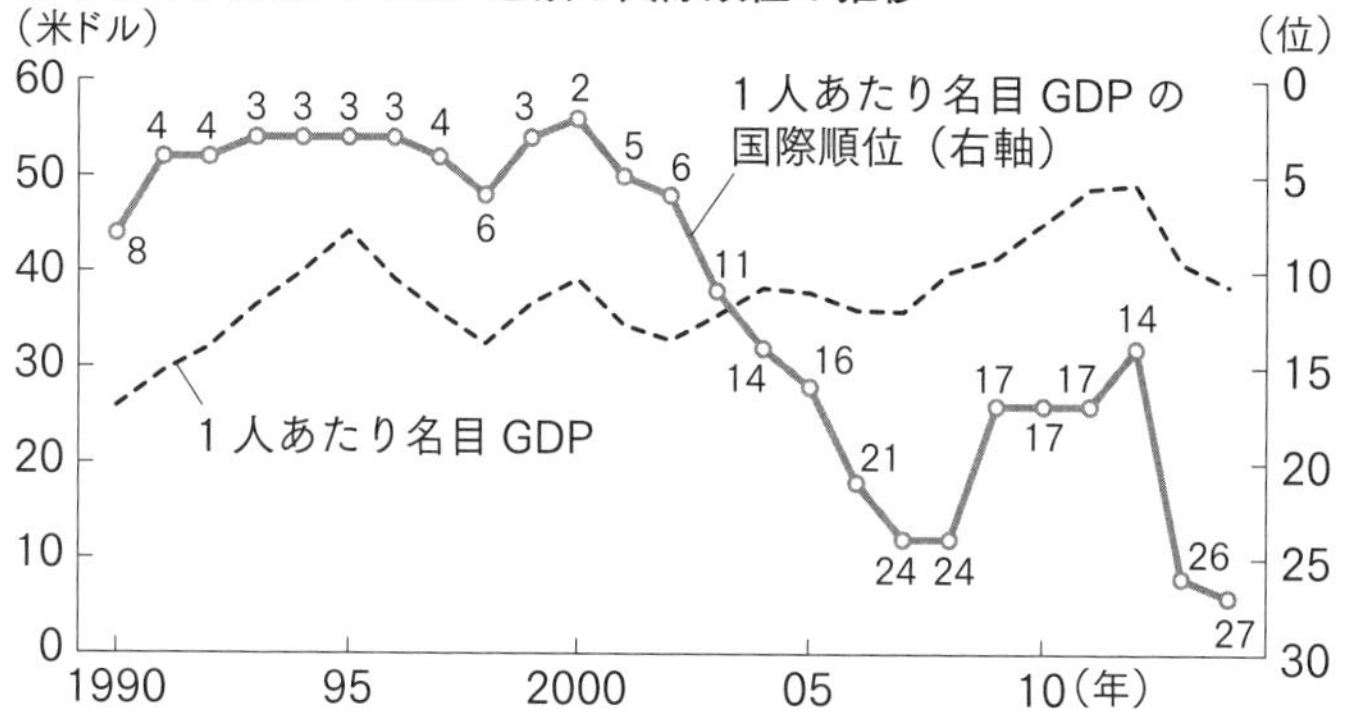

日本の国際競争力順位の推移

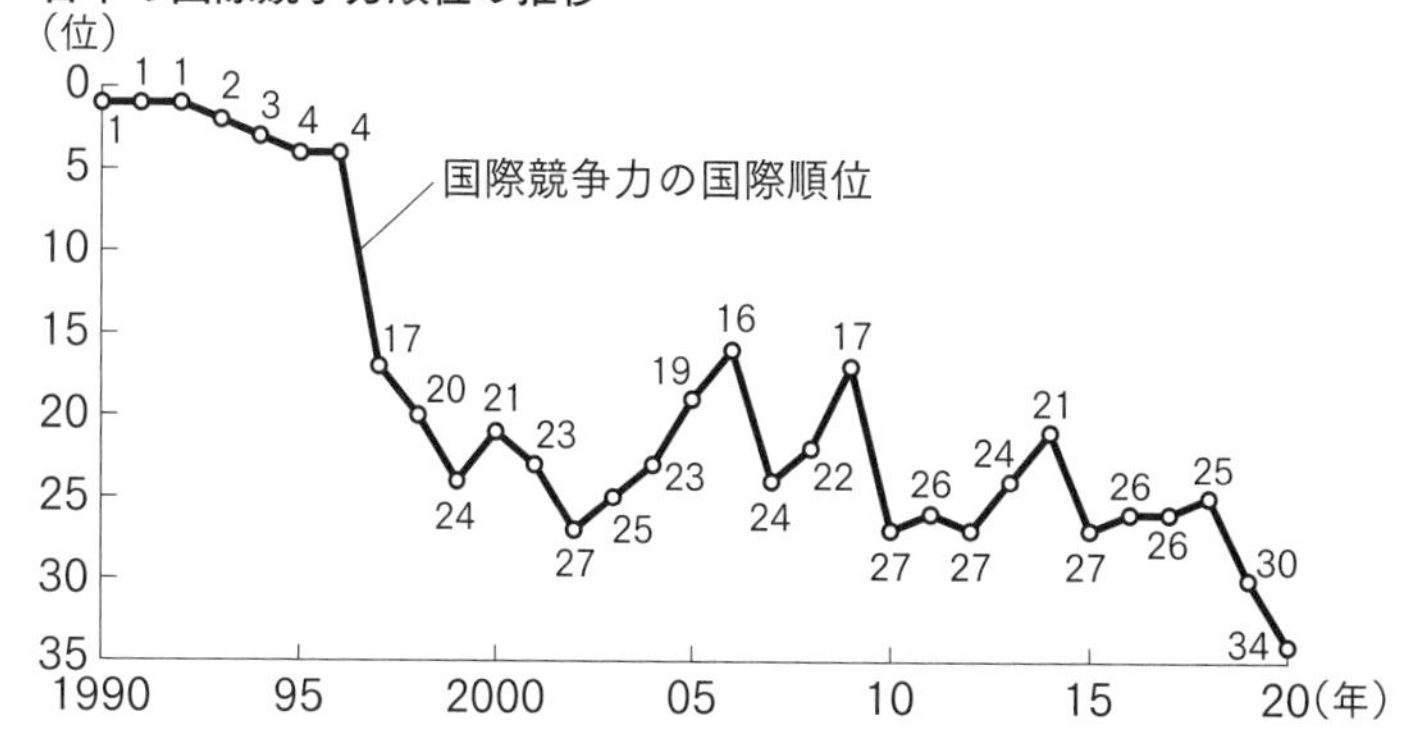

出所：IMF "World Economic Outlook Database April 2021"（上図）、IMD "World Competitiveness Ranking"（下図）より筆者作成

た。ビジネススクールの教授が「今の日本はバブル状態だ」と、初めてバブルという単語を聞いたことをはっきりと記憶しております。その時は「経済がバブル（泡）」というのはどういう意味なのか、今一理解できませんでしたが、まさに実態の伴わない中身のない泡だったということは、帰国してしばらくしてから実感することになりました。

当時のアメリカの企業は、特に製造業は日本の電機・半導体・自動車等の優良メーカーに完全に負け、明るい将来が見通せないかなり悲惨な状態でした。また、マイクロソフトもアップルも弱小企業に過ぎず、アマゾンやグーグルなどは形すらありませんでした。それがどうでしょうか、その後ほんの10年足らずで、日本企業とアメリカ企業との立場はすっかり入れ代わったのみならず、日本企業は韓国、台湾、中国企業にまでもあまりにも短期間で主役の座を明け渡すことになるとは、あの当時は予想すらできませんでした。

日本企業凋落の代表例は電機産業でしょう。テレビ、冷蔵庫などの家電関連事業や半導体、パソコン、携帯電話などの電子製品事業においては、１９９０年に入って徐々にグローバル競争に敗れて縮小を余儀なくされ、２０００年に入ると一部の企業は存続すら危ぶまれるような状態になりました。このような急速な落ち込みを

１９９０年代の初めに誰が予想したでしょうか。もちろん、筆者もバブル経済の高揚感にどっぷりと浸かってあまり危機感のない日々を送っていたと、その後深く反省したものです。

なぜ、日本企業の競争力がかくも急速に低下したのか、その主たる要因はなんだったのでしょうか？

労働生産性の低さこそが日本企業の競争力低下の原因

日本企業はバブル崩壊以降、90年代半ばから始まったＩＴ革命で、米国のＧＡＦＡや中国のＢＡＴのような巨大プラットフォーマーといわれるインターネット環境下での新たなビジネス・業態を生み出すことができませんでした。また、２００８年の「リーマン・ショック」後の経済復興期においても、国内総生産（ＧＤＰ）の増加率で欧米やアジア諸国に大きく劣る結果となりました。

このような日本企業の競争力の急速な低下の理由を探る上で、京都大学大学院経済学研究科の諸富徹教授は、マクロ経済的な「労働生産性」に着目することを最近の著書[1]にて提言しています。

図表2　主要先進国における労働生産性の推移

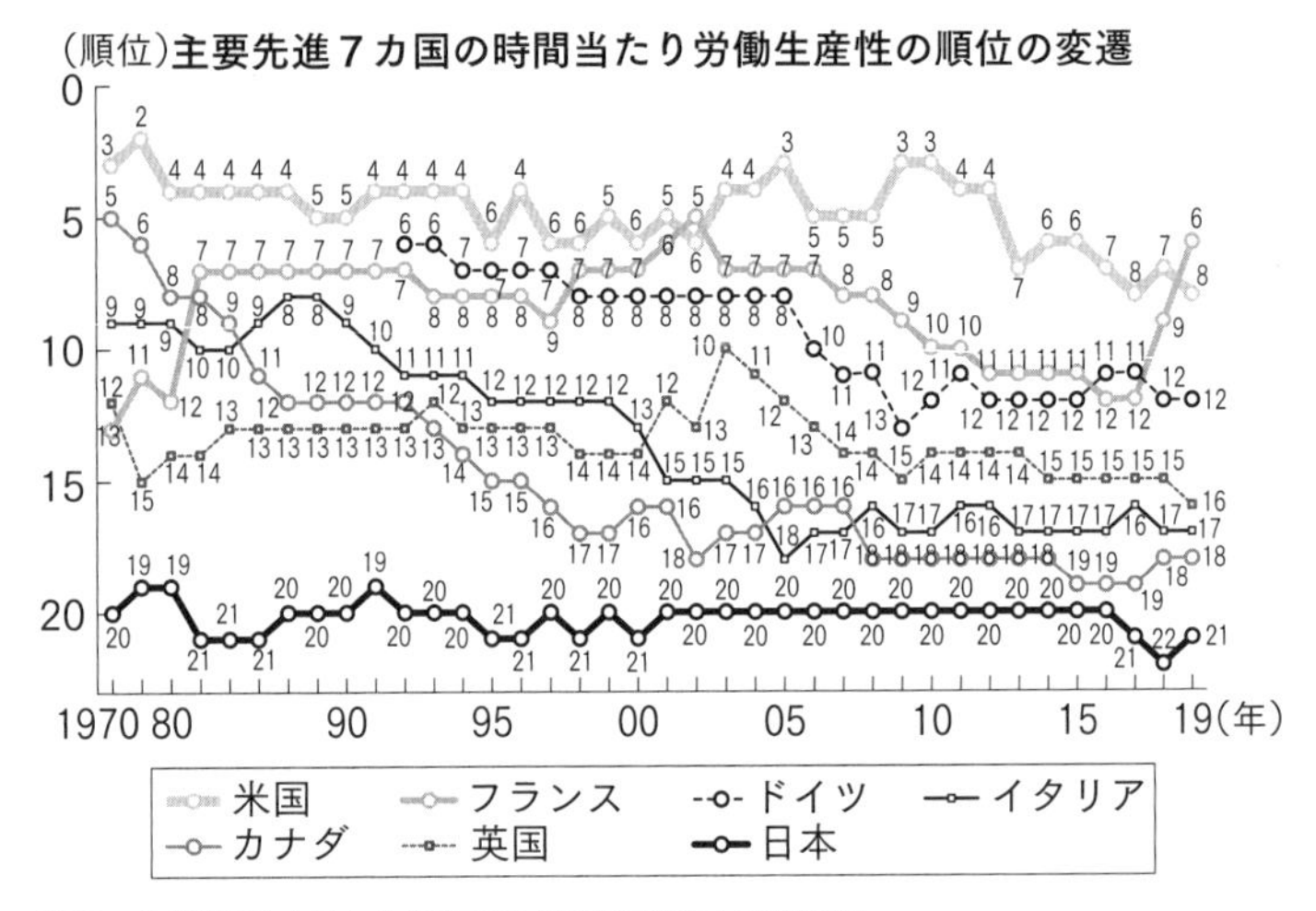

出所：公益財団法人日本生産性本部「労働生産性の国際比較」

一国の労働生産性は、「労働生産性＝GDP（付加価値額・アウトプット）／就業者数（インプット）」で定義されます。その労働生産性を高めることは、まず分子であるGDPが一定と仮定すると分母である就業者数をリストラ等で減らすことや製造工程の自動化など少ない従業員で実現することで達成できます。

または、分母の就業者数を一定とすると、研究開発など各種イノベーションを通じて新商品やサービス等の新事業を生み出して分子のGDPを増大させることにより達成できます。

１９９０年初頭のバブル崩壊後以降においての日本経済ではどうであったでしょうか。当然、日本企業としても生産性を向上させることは、重要な経営課題のテーマであり、各企業は弛まぬ努力を続けてきたことでしょう。特に、日本企業の得意な分野としては、インプット側の効率化として製造プロセスの無駄をなくし効率化しつつ、就業者においても正社員などを派遣労働者へ転換させる等により、なんとか生産性を維持してきました。しかしながら、ビジネスの王道であるアウトプット側の売上・利益・付加価値を増大させるという新しい魅力ある商品やサービス創出に手間取り、結果としてマクロ経済的にはＧＤＰを増大させることができず、よってその労働生産性を低下させてきたと言えるのではないでしょうか。さらに、企業レベルでの「品質の高い良いものを作れば売れる」というものづくりに固執した考え方によっても、大きな時代の流れを見据えた顧客に支持される新しいビジネスを生み出せなかったことが労働生産性の低下を招き、さらにそのことが企業自体の収益性も低下させ、必然的に国際競争力を失ってきたのです。

デジタル化の遅れによる低い労働生産性

欧米先進国と比較しても日本の労働生産性が低いのは、日本企業のビジネスイノベーションに対する感度の低さと収益力のなさが主たる要因のようですが、その根底には前述したように現場レベルでのデジタル化の遅れが密接に関係しています。

２０１９年末より世界的な危機として予想外のコロナ禍が起こっており、現在も世界的に感染拡大が進行中ですが、わが国においても働き方を含めて大きな生活様式そのものへの変革が進んでおります。その中で図らずもの収穫は、日本社会全体においてデジタル化が遅れ、非効率な社会システムになっているという気づきを国民全体が得たことでしょう。コロナ禍の克服に欠かせないワクチン接種においても、他の国々と比較しても極めて時間がかかっていることでも国民全体が実感させられております。

菅政権に変わってから、デジタル化の遅れを取り戻すためにデジタル庁を新設して省庁横断的な取り組みを始めようとしていることは歓迎すべきことです。国のみならず地方自治体レベルでのさまざまな行政システムにおいて、統合的な仕組みになっていないことは、結果として膨大なコスト増になり、われわれの生産性向上の阻害要因となっています。

そのような状況を招いたのは、さまざまな業務においてコンピュータシステムやソフトウエアを導入する際に、統一的な基本コンセプトがなく、それぞれの省庁や自治体の部局において、各ベンダーへの入札を経た調達がバラバラに行われた結果であることは容易に想像できます。

つまり、それぞれの行政単位で保有するデータ類に対しての互換性がなく、これではデジタル化による効率性の向上は望むべくもありません。今後、こうした現状をどのように変えていくか、かなり強権的な手法で進めていく必要があるでしょう。今秋にも新設される予定のデジタル庁は、大変な任務になろうかと想像されますが、トップである総理大臣が新設デジタル庁の新大臣をしっかりと支えてブレることなく進めてほしいものです。

実は、この状況とまったく同様のことは、さまざまな企業内でも起こってきました。特に、事業所を全国、あるいは海外も含めて複数保有する大企業においてほど、それぞれの事業所におけるさまざまなデータ類を本社で一元管理できる統一的なシステム、データベース構築ができている企業はあまりないのではないでしょうか。

それぞれの事業所において、最適と思われる調達によってシステムベンダーが選定され、そのデータベースの構成にも企業としての統一はなく、会社全体としての互換性に難がある場合がほとんどではないでしょうか。それでも売上や利益などの財務データについては、全社的な管理系の統合システムが導入されているでしょうが、例えば、エネルギー、水、廃棄物などのユーティリティ関連のデータについては、ほとんど統合はできていないようです。

「いや当社は必要なデータは本社に集まっているよ」という反論も聞こえてきそうですが、現場レベルにおいては、そうしたデータの収集とレポートづくりを人海戦術で行っているのではありませんか。本来、集まったデータを分析し、その分析から無駄の改善・原価の低減や次なる施策への展開、さらには新しいビジネスの創出までを考えるべき優秀な人材が、単にデータの収集と経営層へのレポート作成に時間を費やしている現場になっているのでは。このような現場レベルでのデジタル化の遅れは、どれほど自社の生産性向上の足枷となり、結果として企業としての競争力を削いでいるのか、企業経営者はこのことをはっきりと認識すべきです。

なぜ日本企業のデジタル化は遅れたのか

それでは、日本企業において、なぜこれほどデジタル化が遅れてしまったのか？日本企業には、自社のビジネスにテクノロジーを活かそうという意識が海外企業と比較すると低いのではないか、という意見を聞いたことがあります。日本では、現場の人たちの経験や知見によってビジネスを円滑に運営し、売上を伸ばそうという職人的で、かつ属人的な対応が一般的でした。今でもこの風潮や雰囲気は、根深く日本企業には残っているのではないでしょうか。古い歴史のある企業ほど、その傾向が強いとも言えるでしょう。こうした職人的・属人的な風潮や雰囲気がすべて悪いということではなく、日本企業の大変優れた良い面でもありますが、デジタル化という切り口から見ると、残念ながらこの点が阻害要因となってしまいます。

こうした古き良き特質によって日本企業は、市場が一定に拡大している局面では、この人海戦術的な現場対応力を大いに発揮し継続的な成長を達成することができました。１９８０年から１９９０年初頭のバブル経済の崩壊までは、まさにこの路線で成長してきました。今となっては汗顔の至りですが、「この現場での擦り合わせ的な対応力こそが日本企業の強み」であると、筆者もビジネススクールのケース・

ディスカッションの場で豪語した記憶もあります。

一方、デジタル化というのは、ある意味優れた日本企業の職人的、属人的な仕事の進め方に対して、すべてを定型化していくような逆の方向性であり、このあたりが日本企業での現場でデジタル化を受け入れ難い事情があったと推察できます。

また、本来デジタル化を担うべきＩＴ部門は、企業内において他のビジネス部門と比較して失礼ながら地位が低く、バックオフィス的な扱いを受けることが多いとも言われています。さらに会社全体として経営者がＩＴ技術を多彩に活用してビジネス自体を伸ばしていこうという意識も希薄であり、収益を稼ぐビジネス部門とはあまり接点がないというような状況があり、顧客や市場のことはビジネス部門であり、ＩＴ部門はそこには口も出せないような雰囲気があるようです。

人材的には、企業内での大きなデジタル投資を進める時などは、通常は自社内での設計ではなくベンダー任せになることからも、デジタル技術の最先端を理解した優秀な人材は、社内のＩＴ部門にはほとんどいないという説もあります。

さらには経営陣による大胆なデジタル投資への意思決定がなかなか進まないことも、デジタル化の遅れの大きな要因であるようですが、それは経営陣の中に最新の世の中の動向やデジタル技術自体への知見が乏しいため、社内的に力のないＩＴ部門からの小規模な投資案件程度への決定に限定されてしまうことになってしまうのでしょう。

こうした日本企業のデジタル化の遅れは、さまざまな要因が複雑に絡み合っていますが、やはり一番大きな問題は、経営陣がグローバルな大きなデジタル化の潮流を見落としてきたという点が決定的ではないでしょうか。

脱炭素時代での生き残りを真剣に考えている企業経営者には、まずは自らの企業において上記のデータ統合のインフラが整っているのかどうか、自社のデジタル化がどの程度まで進行しているのか、しっかりした現状認識に基づいた冷静な経営判断と積極的な投資行動を期待したいところです。

デジタル化によるサービス産業化が労働生産性を向上する

なぜ日本企業では、経営者がそれほどソフトウエアのような無形資産へのデジタル投資を優先してこなかったのか。前述の諸富先生によると、「日本の経営者は、『ものづくり信奉』が強すぎて、こうした資本主義の構造変化に気づくのが遅れた」と指摘されております。この資本主義の構造変化とは「経済の非物質化」であり、この非物質化した投資への遅れが、前述したように日本企業の国際競争力低下の根本原因であると諸富先生は断じておられます。[2]

ここでの非物質化への投資とは、コンピュータソフトウエアやデータベースといった情報化資産への投資であり、まさにデジタル化への基礎的な投資です。今後は、ものを大量に安く、かつ品質の良いものを作るという製造業は、それだけではグローバル企業として戦って生き残っていくことは難しくなってきました。むしろ、製造したものを活用して、より付加価値の高いサービスビジネスに展開していくことが求められるようになり、そのサービス内容を充実したものにするためにも、ソフトウエアやデータベース開発を含めたデジタル投資とデジタル人材が不可欠になってきます。

「顧客はもの自体を求めているのではなく、ものが提供する効用・パフォーマンスを欲している」

このフレーズは、私が四半世紀前にＥＳＣＯ（Energy Service Company）ビジネスを面白いと直感した基本コンセプトを表現したものであります。例えば、顧客は高効率空調機器自体が必要なのではなく、その導入によって空間の快適性を維持しつつ省エネルギー・エネルギー効率化を通じてエネルギーコストをも削減したいという要望です。この導入機器が生み出す効用を約束するのが、「ＥＳＣＯパフォーマンス契約」の真髄であり、その顧客が求める効用をエネルギーサービスとして提供するというものです。それがＥＳＣＯビジネスの基本であり、グローバルで通用する価値観であると今でも信じております。

こうした「ものの効用」とさらには「顧客の体験」に着目するというビジネス感覚に基づいた新しいビジネスコンセプトが、デジタル化によるソフトウエアの高度化と相俟って、今後もより付加価値の高いサービスビジネスがあらゆる業種・業態へ浸透していくことでしょう。その意味でも製造業自体も単なるものづくりから脱却したサービス産業化は避けて通れないプロセスになってきたようです。

このサービス産業化の流れは本格的な脱炭素化を推進したい企業にとっても、極めて重要なものであり、この潮流をどのようにうまく自社の経営に取り入れることができるかが、脱炭素・カーボンニュートラル時代における企業の持続可能性を示す中核的な指標ともなることでしょう。

サービス化が実現する事業構造の変革

財団法人地球環境産業技術研究機構（通称、ＲＩＴＥ）理事長・研究所長の山地憲治氏によると、「ＩｏＴ（モノのインターネット）やＡＩ（人工知能）などのデジタル技術によって実現する超スマート社会（Society5.0）では、革命的な省エネルギーが実現する可能性がある。超スマート社会ではサイバー空間とフィジカル空間が統合され、必要なモノ・サービスを、必要な人に、必要な時に、必要なだけ提供できる。エネルギーサービスの提供に当てはめれば、全く無駄のない究極の省エネルギーが実現する。これは情報によるエネルギーの代替である。」と、ここでも単なるものづくりへの警鐘を鳴らしておられます。

また、山地氏はこの究極の省エネルギー現象の身近な成功事例としてスマートフォンを挙げていらっしゃいます。

「スマホの基本機能は電話だが、今では様々なアプリケーションプログラムによって、ネット端末、財布、テレビ、カメラ、時計、計算機、照明など様々な機能を持つ。それぞれ個別の製品を所有する場合と比較すると、エネルギー消費量の大幅削減のほか、物質量も大きく減らしていることが実感できる。[3]」

つまり、今後デジタル化のさらなる進化によって、単機能のモノを大量に製造してそれを販売し儲けていくというビジネスモデルは成立しなくなるという示唆であり、脱炭素化という社会的な要請からも産業構造のサービス化への傾斜・転換はますます促進されるということにつながっていくものです。

日本企業がその労働生産性を高めることにより、グローバル環境での競争力をつけるためには、まずは現場レベルにおける地道なデジタル化を推進し、自らを筋肉質にすることから始め、同時に事業自体の構造を単なる製造から、そのものづくりの強みを活かしつつサービスビジネスを付加していくか、またはサービスビジネスへ転換していくことです。つまり、これからの日本企業には、デジタル技術を縦横に活用しつつ事業構造自体を大胆に脱炭素化に向けて変革していくこと、そして、企業自体の収益力と新ビジネスを立ち上げるイノベーション力を発揮していくことが期待されています。

そのためには、デジタル化を推進するための積極的な投資とともに、自社の製造商品やサービスを活用して、「ものの効用」や「顧客の体験」を重視したサービスビジネスへと昇華することができるビジネス人材の育成、または獲得が今後の重要な経営課題となってくるでしょう。

1 諸富徹著（2020年）「資本主義の新しい形」P．82－83 岩波書店

2 諸富徹著（2020年）「資本主義の新しい形」P．89 岩波書店

3 山地憲治著（2020年）「エネルギー新時代の夜明け」P．37－38、40 エネルギーフォーラム

第二章　省エネは脱炭素社会実現の大前提

なぜ「脱炭素化」が注目されるのか

人間社会が過剰に排出した二酸化炭素などの温室効果ガスが、地球大気の平均気温を上昇させる「地球温暖化」を起こし、さまざまな気象現象に変化を生じさせる——いわゆる「気候変動」が地球規模の課題として広く認識されるようになったのは、1980年代に遡ります。1992年には気候変動枠組条約（UNFCCC）が採択され、1995年からは現在に続く定例会合（COP）が開催されるようになりました。国際的な協議が活発化したことで、1997年に議決された京都議定書、2015年に採択されたパリ協定と、国際的なルールに沿った温室効果ガス排出量削減による気候変動対策が進められるようになりました。

ところが、今日の「脱炭素化」を取り巻くうねりは、これまでの気候変動対策とは様相が異なると、筆者は捉えています。温室効果ガス排出量削減の取り組みを表す言葉が、「〝低〟炭素化」から「〝脱〟炭素化」あるいはカーボンニュートラルと表現を変えているのは、その一端と見ることができます。筆者は、このような変化が2つの背景から生じていると考えています。

一つ目の背景は、気候変動による影響の顕在化です。以前は気候変動による影響というと、北極海の氷河が崩壊し、シロクマが取り残される映像のように、現実味がない茫洋としたイメージで語られることが多くありました。しかし、気候変動による影響は、平均的に見れば徐々にではあっても着実に進行することが特徴であり、その結果としての実害が私たちの社会や生活に現れつつあります。実害の一例として、日本国内における水害被害額を見てみましょう。台風や豪雨などの相次ぐ気象災害に見舞われた２０１９年度には、年間２・１兆円を超える過去最悪の被害額となりました。世界的に見ても、風水害だけでなく森林火災や干魃など気候変動が関連した気象災害は、年間約１５００億ドル（約16・６兆円）もの被害を及ぼしています（２０１９年）。

もう一つの背景は、金融や政治の世界において、気候変動問題が主要な議題として認識されるようになったことです。金融界は、世界経済に深刻な打撃を与えた「リーマン・ショック」を経て、気候変動こそが金融システムに大きな影響を与える潜在的リスクであると認識し、その対策を急ピッチで進めています。また、世界の政治家からも、気候変動はこれまで以上に重要視されています。なぜなら、気候変動対策は一国だけで進めるのではなく、国際社会が共通して取り組んでこそ、初めて十分な効果が得られるものだからです。２０２１年４月にアメリカが主催して

図表3 日本国内の水害による年間被害額推移

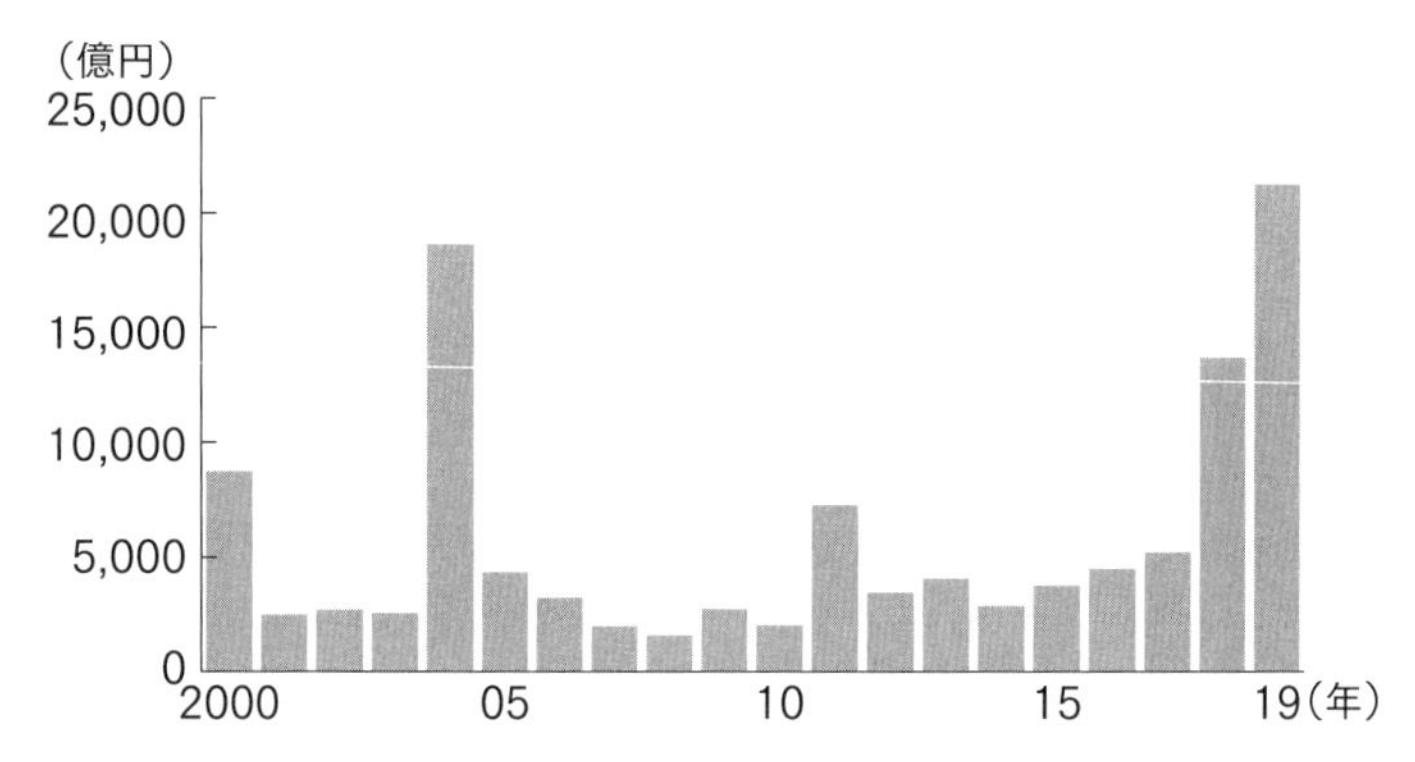

出所：国土交通省「水害統計」より筆者作成

開催された「気候変動に関する首脳会議（気候変動サミット）」や同年6月にイギリスで開催されたG7サミットなどでは、国際的な政治課題として気候変動対策が協議されるなど、気候変動対策は政治交渉のツールになったと言えるでしょう。

　このように、影響としての実害が顕在化しつつあることに加え、世界の金融界や政治家が気候変動への関心を急速に深めていることが、今日の「脱炭素化」がこれまでとは異なる意義を持つ背景だというのが、筆者の見解です。

カーボンフットプリントや国境炭素税の意義

脱炭素社会を成立させるには、私たちの生活だけでなく、産業活動における温室効果ガスの削減は必須です。言い換えれば、私たちが生活するために必要なモノを製造するのにも、できるだけ温室効果ガスを出さずに作られる必要があります。このような観点から、さまざまな製品や、製品を構成する部品のひとつひとつまで、製造工程において排出された二酸化炭素を定量的に評価する試みが、以前から為されてきました。このような観点で評価された炭素排出量を「カーボンフットプリント」と呼びます。

カーボンフットプリントが注目される理由は、現代社会のグローバルな生産体制にあると言えるでしょう。例えば、私たちが使っているスマートフォンは、さまざまな国で部品が作られ、最終的に世界各地から集められた部品をもとに組み立てられ、世界中に出荷されていきます。この際、ある国が部品を製造するときに排出する二酸化炭素が多く、その他の国は二酸化炭素の排出量を減らす対策を講じていた場合、完成した製品は果たして「脱炭素」であると言えるでしょうか。温室効果ガスは地球全体の気候に影響を及ぼすため、過大に排出した国や企業だけでなく、排出を抑制している国や企業まで影響を受けることになります。そのような理由から、前述の製品は「脱炭素」であるとは言えないことになります。ある製品が脱炭素であるためには、あらゆる部品や製造工程に至るまで、いわゆるサプライチェーン全体としての脱炭素対策が為されている必要があるのです。

このような観点から、国際社会では「国境炭素税」の議論が活発化しています。国ごとの二酸化炭素排出量の不均衡を是正するため、二酸化炭素を多く排出している国には、相応の金銭的ペナルティを課すことが、これらの議論の目的であると言えます。不平等な制度とならないよう、国際社会の合意までにはまだまだ議論が必要です。しかし、「ものづくり」と言われる製造業を主軸とする日本にとっては、私たちは部品のひとつひとつにまで、二酸化炭素の排出量が紐づけられて評価される社会が到来する可能性を、しっかり認識する必要があるでしょう。

省エネは「脱炭素」の基本中の基本

気候変動対策としての「脱炭素化」は、容易ではありません。例えば、主要な温室効果ガスである二酸化炭素は、私たち人間の営みに密接に関わっています。特に、石炭や石油、天然ガスなどの化石燃料は、燃焼させることで大量のエネルギーを得るだけでなく、鉄やプラスチック等の製造にも用いられ、便利で快適な現代文明を根本から支えています。すなわち、現在と同じ質、あるいはそれ以上の社会生活を営むことと、気候変動によって生じるさまざまな影響を回避することの両立は、容易ではありません。

だからこそ、現代社会に生きる私たちは、将来にわたって同じ質、あるいはそれ以上の社会生活を営むことができるよう、さまざまな方策を組み合わせながらこの難題に取り組まねばなりません。そのような近代的かつ多面的な取り組みこそが、「脱炭素」あるいはカーボンニュートラルと呼ばれるに相応しいと、筆者は考えます。

「脱炭素」には、大きく分けると「抑える」「変える」「吸収する」の3段階のアプローチがあるとされています。すなわち、まずは可能な限りエネルギー需要の削減やエネルギー効率の改善でエネルギー消費量を削減したうえで、エネルギー自体の低炭素化とエネルギーの転換を進めるという段階を踏むことで、効率よく温室効果ガスの排出量を削減することが可能になるという考え方です。このような考え方は、日本のエネルギー政策の根幹を為す「エネルギー基本計画」にも見て取れます。エ

図表4 脱炭素化における3段階のアプローチ

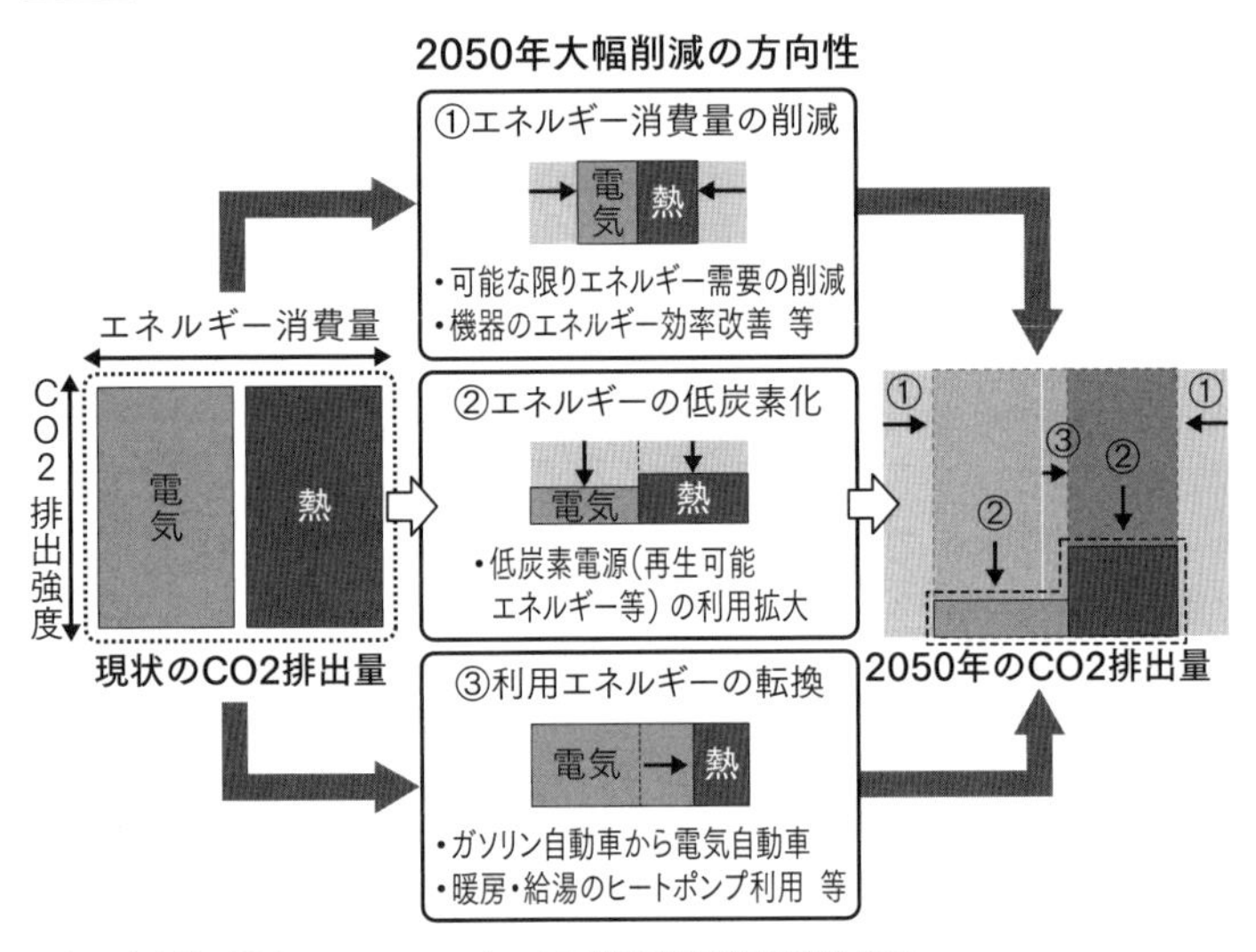

※注　本資料公開時における2050年のCO2排出量削減目標値は80％
出所：環境省「温室効果ガス削減中長期ビジョン検討会 とりまとめ」

ネルギー政策というと、再生可能エネルギーの活用や、原子力政策の動向に注目が集まりがちですが、その前提として「まず徹底した省エネ」が謳われているのです。

省エネは、脱炭素におけるアプローチの中でも「抑える」、つまり基本中の基本であると言えます。省エネ無くしては、脱炭素社会の成功はあり得ない、と言い切っても過言ではないと筆者は確信しています。

オイルショックを切り抜けた現場力

ここで「徹底した省エネ」をどう進めれば良いのか、筆者の専門分野である省エネルギー・エネルギー効率化に関する話題へと展開していきます。ここでもデジタル化の遅れによる生産性の停滞と同様に、企業経営者が発想のパラダイム転換をしていただきたいデジタル化の推進に絡んだ重要なテーマがいくつかありますので、そのあたりへ論を進めて参ります。

筆者が省エネルギー・エネルギー効率化と関わり始めたのは、１９９０年代の半ばでした。米国における電力自由化の視察・調査に行った折に、エネルギーサービス会社（ＥＳＣＯ：Energy Service Company）という事業体に出合い、その面白さにすっかり魅了されて帰国したのが1995年でした。

省エネルギー・エネルギー効率化をビジネスとして推進すること。それもファイナンスを絡めて、初期投資ゼロにより省エネルギー・エネルギー効率化で生じたコストダウン分を顧客と事業者で分け合うシェアード・セイビングス（Shared Savings）というESCOビジネスと出合ったことが、その後の私の人生を変えたと言っても過言ではありません。

帰国後、早速事業立ち上げの企画書を作成し、事業化検討コンソーシアムの設立を目指していろいろな企業を回ったものです。その間によく言われた言葉が、「日本は、これまでに省エネルギーを徹底して行っているので、その削減に期待したESCOモデルは難しいと思うよ」というものでした。いわゆる「絞り切った雑巾論」を初めて耳にしたのは、この頃でした。

確かに、1970年の初頭に始まり、その後の10年間に日本が被ったオイルショックは、大変大きなインパクトがあったようで、特に、当時の日本の産業界を背負っていた鉄鋼、化学、セメントなどの重厚長大産業の諸先輩達は、生き残りをかけた必死の省エネルギー・エネルギー効率化の努力をしてきたようです。

この1970年代の10年間を現場で闘い結果を残してきた30代から40代までの若

手技術者陣は、その後の20年間である20世紀末までにおいて省エネルギー・エネルギー効率化の貴重な経験者、プロフェッショナルとして企業内においては一目置かれる立場であったことでしょう。確かにこの現場の人材力は日本企業の底力を支えてきました。ただ残念なのは、こうした有能な経験者たちは、その後の所属企業が受けることになったグローバル競争によって、業界再編や事業縮小などを余儀なくされ、結果として関連のエンジニアリング子会社などへの転籍で、必ずしもそれまで得た臨床の知としての経験値を、高いモチベーションを維持しつつ、新しいイノベーションにつなげるような好待遇・機会には恵まれなかったことです。

一方、この諸先輩方々の努力によって、１９８０年から１９９０年代の産業界の工場群はまさに「絞り切った雑巾」状態であったことは間違いなく、日本が「省エネルギー先進国」という名をほしいままにすることができたということも事実でした。

停滞するエネルギー消費原単位

筆者がＥＳＣＯモデルを日本に普及させようと努力し始めた１９９０年半ば頃は、

確かにまだオイルショックを生き抜いた現場力に溢れた省エネ先進国的な雰囲気がありました。しかしながら、実際の現場を訪れてみると「絞り切った雑巾」状態の工場は、オイルショックを生き抜いた限られた業種・業態であり、１９８０年代に日本が世界を席巻した機械業界や半導体業界は、まったくそんな状況ではないことが分かりました。それらの業界では、石油類ではなく主に電力エネルギーを活用して、半導体メモリなどの軽薄でかつ付加価値の高い製品を大量生産しており、その効率的な生産量を確保するためにはエネルギーの無駄を無くすというような地味な発想はほとんどありませんでした。

ただし、それらの業界も１９９０年代後半に入ると、グローバル競争環境が一変し、厳しいコストダウン要請が出てきたようで、そのための省エネルギー・エネルギー効率化の要請は高まりつつありました。電気と熱の両方を生み出す大型のコージェネレーションシステム（熱電併給設備）などが大規模工場などへ積極的に多数導入されたのも、この時期の特徴でした。

一方、２０００年代に入ると、１９９７年に京都で開催された国連気候変動枠組条約第３回締約国会議（ＣＯＰ３）で採択された京都議定書の影響もあり、気候変動・地球温暖化対応へと国の政策もシフトしていきました。それでも省エネル

図表5 製造業のエネルギー消費原単位の推移

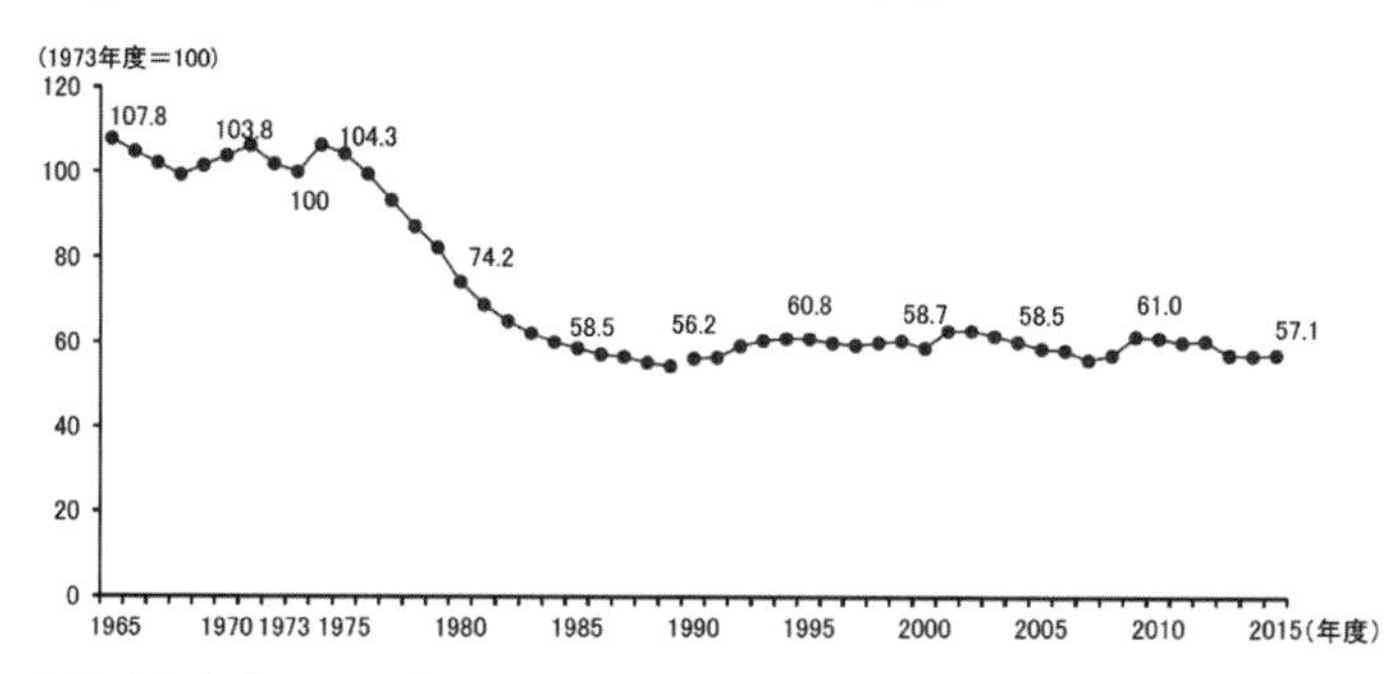

出所：環境省「カーボンプライシングのあり方に関する検討会」参考資料より抜粋

ギー・エネルギー効率化の政策においては、まだまだ「絞り切った雑巾論」が幅を利かせており、なかなか大幅な省エネルギー・エネルギー効率化が進まない状況が続いていました。つまり、「絞り切った雑巾論」が省エネルギー・エネルギー効率化のなかなか進まない言い訳として、巧みに使われていたというのは言い過ぎでしょうか。

わが国では省エネルギー・エネルギー効率化がどの程度進んでいるかを判断する指標として、「エネルギー消費原単位」というものが使われます。この指標は、単位量の製品や生産額を産み出すのに必要な電力・熱（燃料）などのエネルギー消費量のことで、その算定は分子にエネルギー消費量、分母にそのエネルギー消費で賄われる製品数や経済価値を置いて行います。エネルギー消費原単位＝エネルギー消費量（インプット）／生産量・生産高（アウトプット）の分数式で表されます。

図表5は、製造業のエネルギー消費原単位の推移を表したもので、確かに1970年代のオイルショック時代の積極的な省エネルギー・エネルギー効率化努力によって、原単位は半分近くになっています。つまり、半分近いエネルギー消費で今までと同じものが作られ価値が生み出されたこととなり、それだけ効率が向上したということです。

ただ1980年代の半ばあたりからは、この原単位が横ばいとなっており、これは省エネルギー・エネルギー効率化があまり進んでいないことを示しています。つまり、もう「絞り切った雑巾」のように、これ以上絞っても水は出ないということです。この図は、まさに「絞り切った雑巾論」の定量的な証拠としてよく出てくるものです。

「だからもうこれ以上の省エネルギー・エネルギー効率化は無理です」と言い切ってしまえば、思考停止状態になります。そういう言い訳に終始する現場と過去の栄光に安住する会社全体を、どのようにイノベーションが自発的・創発的に起こるような雰囲気・社風に変えていけるか、企業が本気で脱炭素経営に転換するためには、その変革への強い意志と実行力が経営者に問われているのです。

「絞り切った雑巾論」は本当か？

前項に示した図から、今後、企業が脱炭素化を進める上で、省エネルギー・エネルギー効率化の余地はあまりなく、それ以外の手段として再生可能エネルギーに頼るしかない、あるいは炭素利用・固定化（CCUS：Carbon dioxide Capture and Storage）や水素活用などの新しい技術開発を待たなくてはならないという他力本願的な論調が最近喧しくなっております。決してその議論そのものが間違っているということではありませんが、安易にこのような結論に至るのは拙速ではないかと筆者は危惧しております。なぜなら、前述したように省エネルギー・エネルギー効率化はエネルギー問題を取り扱う時の基本中の基本であり、わが国が今後脱炭素化を進める上での基盤であるべきだからです。この基本を押さえ具体的な行動につなげていく努力や投資は、どこまで行っても終わりがなく継続しなくてはいけないというのが、筆者の強い主張です。

例えば、人間に喩えると分かりやすいかもしれません。少しメタボで困っている人を想像してください。なんとか体重を絞って体脂肪を落とし、メタボ解消の努力をしている場合、やはり毎日体脂肪も測れる体重計に乗ってチェックすることが重要になります。週末等で少し気を緩めて暴飲暴食すると、翌週には即体重増として結果が出てしまいます。

企業においてもまったく同じではないでしょうか。今まで徹底した省エネルギー・エネルギー効率化をやってきたと言っても、担当者が変わったりして少し気を緩めると増エネルギーになってしまう。毎日とまでは言いませんが、やはり最低でも週次・月次ベースでのエネルギーの消費量や利用状況は必ずチェックしておきたいものです。

つまり、省エネルギー・エネルギー効率化というのは、どこまでやっても終わりというものがないということです。終わりがないと言えるのは、単に体重計に乗り続ける必要性という意味だけではなく、新しい技術が出てくれば、それらを活用することで、さらにエネルギーの削減や効率的利用に資することができるのです。この点を分かりやすい例で紹介すると、照明設備における蛍光灯からLEDへの進化があります。一般の蛍光灯をLED照明に更新すると、同じ明るさであっても電気消費量で2分の1から3分の1になります。筆者がESCOビジネスを始めた

1990年代後半には、この使えるLED照明設備は市場にありませんでした。つまり、エネルギー消費をするすべての設備機器は、製造業であれば製造用機器自体も含めて、日進月歩で効率化は進んでおり、古いものを新しい高効率機器やシステムへ更新すれば、それだけで大きな省エネルギー・エネルギー効率化が達成できるのです。この技術革新のスピードはますます速まっており、高効率の設備機器への更新をどのタイミングでどの程度行うことが脱炭素に向けて最も効率的・効果的なのかなどは、なかなか難しい経営判断が求められるところですが、常にそうした目線と管理体制を維持していくことが極めて重要でしょう。

企業のみならず、社会全体としての脱炭素化を進めるに際して、まずは省エネルギー・エネルギー効率化を基盤とし、定常的にエネルギーの利用状況を運営管理すべきことに納得いただけましたでしょうか。

わが国では確かに一度は「絞り切った雑巾」状態でしたが、雑巾は常に絞り続けなければ、また知らず知らずに水分を含んでしまいます。時には雑巾自体の種類もさらに水分吸収力の強いものに交換することも必要になるでしょう。加えて従来からの省エネルギー・エネルギー効率化というイメージが、我慢する、あるいは減らすということから負のイメージがあり、その概念を払拭することと同時に、経営者のみならず会社全体の意識改革によって、この「絞り切った雑巾論」から脱却していこうという会社としての強い意志が必要なのではないか、その先頭に立つのが経営者であるべきと筆者は考えます。

デジタル化が新たな省エネルギーの手段になる

省エネルギー・エネルギー効率化を効率的・効果的に進める上で課題となるのは、一見当たり前のことですがエネルギーという代物が目に見えないということです。見えないが故に、それを削減し効率的に利用しようと設定値の変更や投資による機器更新など、何かの方策を実行しても、その効果・結果がはっきりと分からないのです。結果が分からないことを実行しようとすると、企業であればその実行の許可をどう取っていくかという点が大変悩ましく、ついつい現場の日常業務の忙しさにかまけて何も行動を起こさないとなってしまいます。

まず、「見える化」するべしというのは、省エネルギー・エネルギー効率化を進める上での大前提とすべきところですが、この「見える化」にも一定の投資が必要となり、その投資も費用対効果が明確でなければ、なかなか実施稟議が下りないものです。

今後、企業が脱炭素化を本格的に進めるのであれば、まずはこのエネルギー関連のデータ把握による見える化が前提になりますので、そのための投資は単なる費用対効果を超えたレベルでの意思決定が必要になります。もちろん、見える化に投資することによって、さまざまなムダ・ムラ・ムリと言われる「３Ｍ」が分かり、それらを改善すればエネルギーコストの削減にもつながりますので、決して回収できない投資ではありませんが、投資を決定する時点で、どの程度の削減が可能であるかの試算が難しいので、そのあたりで話が頓挫することが多いことになります。

筆者として、今後、脱炭素経営に舵を切ろうとしている経営者は、現場レベルから始め、会社全体、あるいはグループ全体のデジタル化を推進するのであれば、このデジタル化投資の一環として、エネルギーの見える化も組み込むことを強く推奨したい。

効率的な投資決定というのは、常に「一粒で二度、三度美味しい」という発想が大切ですが、今後、企業として避けて通れない業務のデジタル化において、エネルギーデータの取得から見える化についての効果も必ず含めるようにすべきと考えます。

昨今のＩｏＴ（あらゆるものがインターネットにつながること）やＤＸ（デジタルトランスフォーメーション）の議論の中で、エネルギー関連データのデジタル化の話題が抜け落ちていることが散見されますが、筆者としてはＩＴ関連技術者とエネルギー関連技術者間に今まではあまり接点がなかったことが原因ではないかと推察しております。ＩＴ専門家にとってエネルギー分野は、専門外でありよく分からない、一方、エネルギー技術者にとってＩＴ分野は専門的で難しいという技術者間の目に見えない縦割り構造が存在しているようにも感じております。確かに、両方の技術に明るい技術者は、少なくともわが国にはほとんどいないと言っても過言ではないでしょう。したがって、黙って現場に任せておいたのでは、なかなかエネルギー部門のデジタル化が進まず、より詳細なデータ類を簡易に活用できるような環境を作ることができず、結果として効率的で効果的な省エネルギー・エネルギー効率化、ひいては脱炭素化が進まないということになるのです。

だからこそ、この現場レベルでの見えない溝の存在を感得し、その技術的な融合・統合を促すような的確な指示と意思決定をしていくことが脱炭素経営を標榜する企業経営者には、また近い将来の経営者になろうとしている方々には必須の要件になってくるのです。

いずれにしても、脱炭素社会の実現に向けて、省エネルギー・エネルギー効率化の思想・発想に基づいた技術と具体的な投資と行動は必須であるというのが、筆者の強く主張したいところです。

第三章

ＥＰ・ＣＰを脱炭素経営への基本指標に

気候変動対策と経済成長は両立できないのか

筆者が前述したＥＳＣＯ事業と最初に出合った時に、エネルギーのサービス化に加えてもう一つ面白いと感じたことは、ＥＳＣＯ事業の典型的なビジネススキームである「シェアード・セイビングス（Shared Savings）契約」の考え方でした。省エネルギー・エネルギー効率化方策をうまく導入すれば、必ずエネルギーコストの削減につながり、その削減分を顧客とＥＳＣＯ事業者と分け合うことで、初期投資を回収していこうというものです（図表6参照）。つまり、そのスキームの根底には、そもそも今まで使っていた経費の削減分を活用することで、顧客も事業者も、そして地球環境も皆ハッピーという「三方よし」の発想があることです。まさにわが国の近江商人の経営哲学そのものです。

筆者は気候変動に起因する地球環境問題は、単に人間の善意だけに期待するのでは絶対に解決にはならないだろうと考え、経済性も加味された問題解決型サービスビジネスとして成立させることが絶対条件であろうと確信し、今日までそのビジネス化を追求して参りました。つまり、気候変動と経済成長をトレードオフであると、両立できないと認識した途端に、物事も思考も止まってしまう。なんとかこの両立

図表6　ESCOシェアード・セイビングス契約スキーム

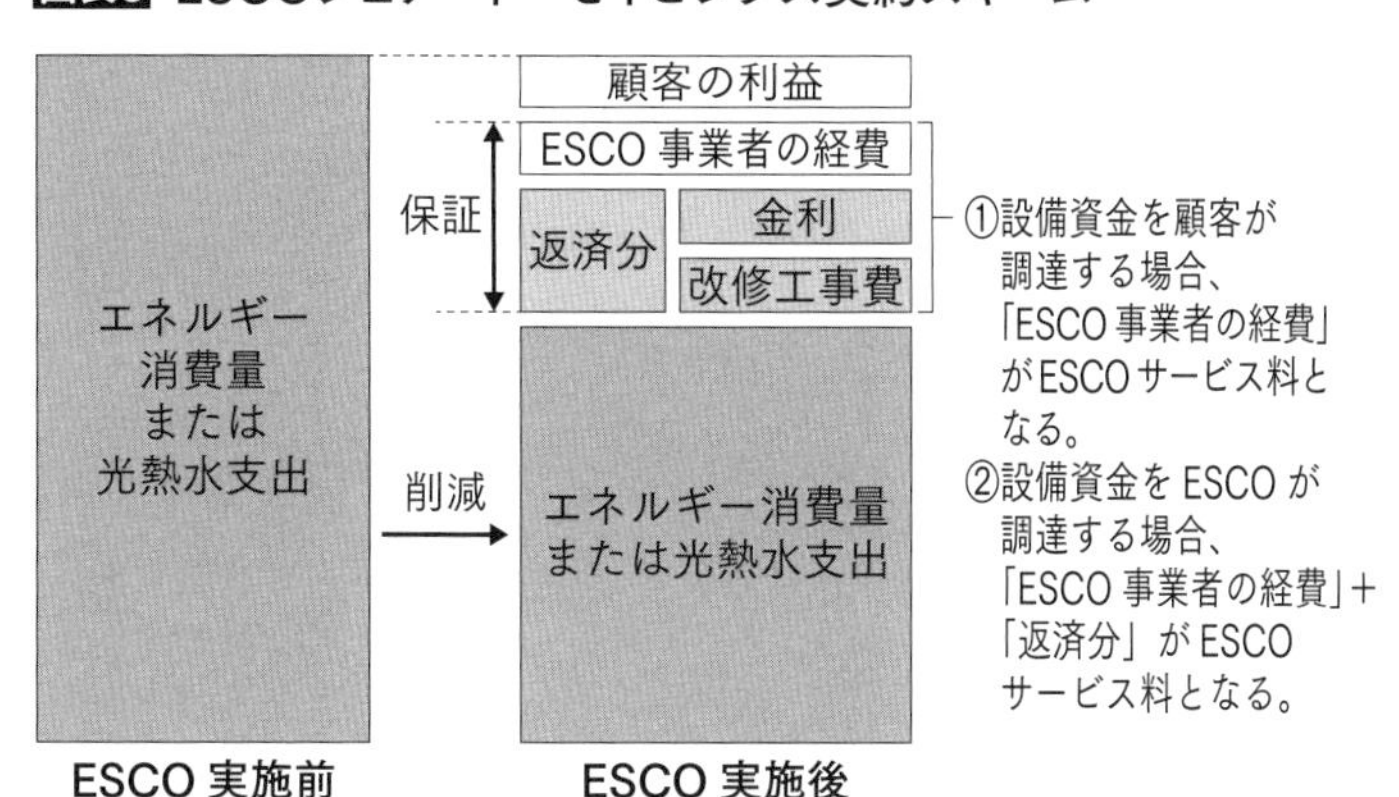

出所：ESCO・エネルギーマネジメント推進協議会HPより抜粋

を図っていくことこそが、気候変動のようなとてつもなく大きく困難な問題・課題への唯一の解決策であるとの信念は揺るぎなく持ち続けており、それから四半世紀経過した今では、そのビジネス化が筆者のライフワークとなっております。

２０１５年のパリ協定以降、世界的に低炭素から脱炭素への大きな転換が始まり、奇しくも今回のコロナ禍が幸か不幸かこの転換自体を早めることになりました。中途半端な低炭素ではなく、ゼロを目指す脱炭素です。そこでは経済成長を追求しながら脱炭素も早急に進めなくてはならない、転換のスピードを早めざるを得ないのです。

欧州は早速にもグリーンリカバリー戦略を打ち出しております。また、まだまだ経済成長優先段階かと思われていた中国ですら2060年でのカーボンニュートラル宣言をしました。あの米国もバイデン政権に変わって、2050年カーボンニュートラル宣言と同時に気候変動対策の国際協調優先へと対応方針と戦略を転換しました。

わが国も昨年の2020年10月に表明された菅首相の「2050年カーボンニュートラル宣言」によって、やっと重い腰が動いたというところです。いずれにしても今後は、コロナ禍からの経済復興とさらなる成長につながるような気候変動対策へ集中的に投資していくという発想が必要になります。したがって、企業においても、企業としての持続可能な成長と事業自体の脱炭素化を両立していく道を選択せざるを得ないでしょう。まずは、経営トップの脱炭素化を主軸とした経営スタイルに転換するという覚悟と将来の大きなビジョンを掲げて、それぞれに抱える現場で働く人々を腹落ちさせ、全社一丸による推進体制を構築していくことが肝要となります。

なぜ日本はデカップリングに手間取ることとなったか

前掲した京都大学大学院経済学研究科諸富徹教授の某セミナーでのお話において、筆者が以下の「図表7：成長率と温室効果ガス総量変化率」を初めて見せていただき、大変大きなショックを受けました。この図は2018年頃に環境省主催の「カーボンプライシングのあり方に関する検討会」の参考資料として提示されたもののようです。私のショックは、経済成長をしながらもしっかりと温室効果ガスの総量を削減してきた欧州の先進国だけではなく、あの米国にまで日本が後塵を拝していることです。

一方、この図の年限である2002年から2015年というのは、筆者自身が産業界において省エネルギー・エネルギー効率化をなんとか独り立ちするESCOサービスビジネスとして展開することに苦闘していた時期とも重なり、さまざまな営業現場で得ることができた肌感覚として、この日本の温室効果ガスの削減総量も少なく、同時に経済成長もあまり達成できなかった結果には、不思議と納得することもできました。

そこで諸富先生のセミナーでの最も印象に残ったお話は、以下のようなものでし

図表7 GDP成長率とGHG総量変化率

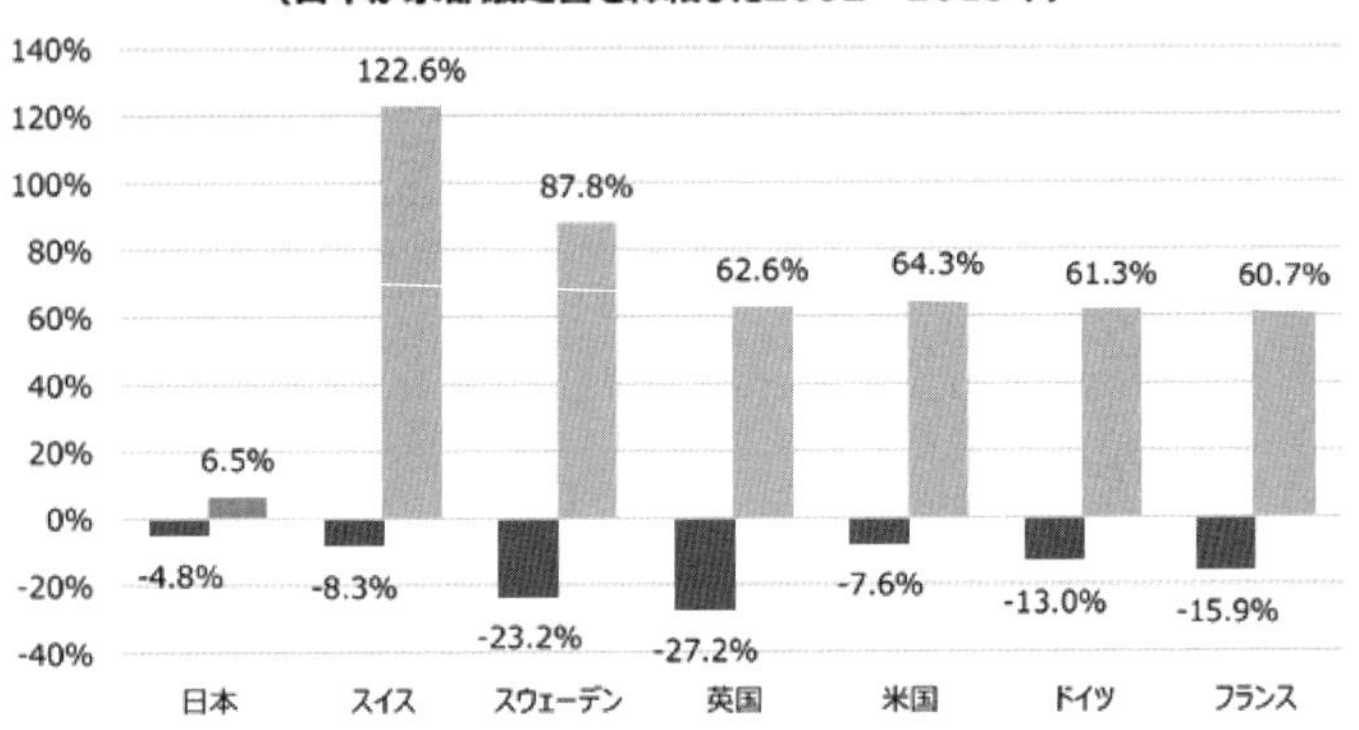

■GHG総量変化率　■GDP成長率（名目）

出所：環境省「カーボンプライシングのあり方に関する検討会」参考資料より抜粋

た。

先生が委員として出席されていた環境省等の各種委員会での産業界側からの強い主張として、日本産業界・企業が先駆的な温暖化対策に取り組む必要がないとされた3つの理由として、

① 日本はすでに世界最高水準の排出削減技術を持っている。

② 日本は石油ショック以来、省エネに取り組んで今や「乾いた雑巾」だ。

③ 日本の限界排出費用は世界最高水準、さらなる温暖化対策は成長にマイナスだ。

このような主張をするのは、経

団連の主要メンバーである有数の大企業であり、頑なに温暖化対策に消極的であったようです。ただし、先生のお話では、「図に示されたように、国としての経済成長と温暖化対策のデカップリング（切り離し）は欧米の先進各国で実証済みであり、すでに結果は出ているのではないか」というもので、筆者自身は、そのお話が妙に腹落ちしました。

もちろんこの先生のお話は、マクロ経済レベルの問題であり、必ずしも個別の企業においてデカップリングに戸惑っているということではありませんが、筆者自身はむしろ日々の営業現場での実体験を通じたミクロ経済を肌感覚的にしか分からない者として、この「日本企業がデカップリングに戸惑ってきた」ということは極めて納得できるものでした。

これからわが国が目指すべき方向性は、「温暖化対策への積極的な対応を通じて、経済を強くし成長させる」ことであり、このことは個別企業、特にグローバル展開している大企業においてこそ、このデカップリングを自らの経営の主軸とすべきではないか、との思いを強くいたしました。

エネルギー生産性を経営指標に

現在、企業の取締役会や経営会議等の会社の意思決定をする会議体で、省エネルギー・エネルギー効率化が主要な議題として上がることはあるでしょうか。おそらくほとんどその種の話題は、社長や経営陣が参画する会議では出てこず、現場レベルや総務部あたりに任せきりになっているのではないでしょうか。

経済産業省資源エネルギー庁が主管する「エネルギーの使用の合理化等に関する法律（通称：省エネ法）」では、大規模な施設や工場には一定以上の規制が入っており、毎年定期報告書と中長期計画書の提出が求められております。また、会社全体のエネルギー消費原単位を毎年１％以上ずつ改善することも求められております。あくまで努力目標としてですが。

ただし、こうした規制に基づいた報告等においても、そのプロセスや結果を社長や経営陣が意識することはほぼないと言い切っても良いのではないでしょうか。生産技術等のエネルギー管理担当役員ですらも、あまり関心がないかと推測します。確かに、現在の省エネ法自体が、経営トップがあまり気にかける必要性がない事項であることも厳然たる事実かもしれませんが。

どうしたらもっと社長や経営陣の関心を誘うような経営指標として、省エネルギー・エネルギー効率化の推進状況を測ることができるのか。それが筆者自身のこ数年間の大きなテーマの一つでした。

そこで最近、筆者がやっと行き着いたのが、「はじめに」で紹介した「エネルギー生産性（EP：Energy Productivity)」という指標です。

このEP指標の計算式を再度示します。

EP(エネルギー生産性）＝売上・利益・付加価値等／エネルギー消費量

このエネルギー生産性（EP）という指標は、前述した「エネルギー消費原単位」の単に逆数です。したがって、エネルギー消費原単位は、以下の式となります。

EG(エネルギー消費原単位）＝エネルギー消費量／売上・利益・付加価値等

ここで、このEPを最も向上させるためには、分子である売上・利益や付加価値などを増大させつつ、同時に分母のエネルギー消費量を売上等の伸び率以下に抑えることです。

一方のエネルギー消費原単位（ＥＧ）の改善は、分母の売上・利益・付加価値を増やせば、分子のエネルギー消費量がその比率以上に増えなければ向上することになります。

この2種類の指標は、単なる逆数なのでまったく同じことを言っているのですが、その印象はかなり違いませんか。つまり、省エネ法のエネルギー消費原単位の場合は、企業としての最も重要なことである売上・利益・付加価値を増大させることと、この指標自体の向上とが完全に一致していないのです。単に感覚的な話だけかもしれませんが、筆者には極めて重要なことではないかと感じられます。

社長や経営陣の最大の命題は、自社の事業の売上・利益・付加価値を向上させ、事業を中長期的に成長させることです。その意味では、エネルギー生産性を定点観測し、それを経営指標とすることで、自らの評価・成績に直接つながるイメージが湧くのではないか。エネルギー消費原単位を半分にすることとエネルギー生産性を2倍にすることとは、実質的には同じことなのですが、どちらが経営者向きか。エネルギー生産性指標を自社の脱炭素化の管理指標に加えることで、社長をはじめ経営陣の意識が変わるのではないか、と期待が膨らみます。

さらにこうした情緒的、イメージ的な話だけではなく、社長や経営陣にとって自社の労働生産性を改善するというのは、当然のこと大きな経営課題の一つでしょうから、エネルギー生産性の向上も労働生産性の改善・向上の一助になり得ることから、よりＥＰ指標の重要性も高まっていくことでしょう。

エネルギー生産性（ＥＰ）と炭素生産性（ＣＰ）の国別比較

さらに前述の諸富先生のセミナーでは、エネルギー生産性（ＥＰ：Energy Productivity）と炭素生産性（ＣＰ：Carbon Productivity）という2種類の指標の紹介があり、それらの指標が国別に比較した推移グラフによって示されました。筆者は、この2つのグラフにもデカップリングの時と同様のショックを受けました。ちなみに、このエネルギー生産性（ＥＰ）と炭素生産性（ＣＰ）とは兄弟指標のようなもので、２０１８年度実績として、わが国の温室効果ガスの排出量ベースでエネルギー起源の温室効果ガス（ＣＯ２）は全排出量の約85％となっています。つまりＥＰとＣＰはほぼ連動していると言っても良いでしょう。

ここでエネルギー生産性（ＥＰ）について、もう少し詳細に説明します。この

ＥＰ指標を再度提示しますが、次のような分数式で表せます。

ＥＰ（エネルギー生産性）＝売上・利益・付加価値等／エネルギー消費量

このエネルギー生産性（ＥＰ）という指標は、第2章で言及した、かつ現行の省エネ法の管理指標となっている「エネルギー消費原単位」の逆数となることも前述しました。このＥＰを向上させるための有力な方法は、まずは分子である売上・利益や付加価値などの経済指標を増大させることですが、同時に分母のエネルギー消費量を売上等の伸び率以下に抑えることで、このＥＰ値は上昇（改善）します。

例えば、今年度売上１００でエネルギー消費量１００の企業があったとします。その年のエネルギー生産性は、EP＝100/100＝1となります。そこで翌年度に売上１００を2倍の２００にしつつ、その間のエネルギー消費量１００を現状のままに抑えることができれば、エネルギー生産性を2倍（EP＝200/100＝2）にしたことになります。また、売上は１００と現状を維持し、その間のエネルギー消費量を半分の50にしても、やはりエネルギー生産性を2倍（EP＝100/50＝2）にしたことになります。実際の現実的な数値は、その中間点になるでしょうが、このようにエネルギー生産性は計算します。

さて、以下のエネルギー生産性の国別推移では、確かにわが国は１９９５年レベルでは、世界でトップクラスのエネルギー生産性を誇っていました。１９９５年というと、私がちょうどＥＳＣＯ事業の創業準備を始めた頃ですので、当時として日本は本当に高いエネルギー生産性を保持した「絞り切った雑巾」状態であり、「ＥＳＣＯとして省エネルギー・エネルギー効率化をビジネスにするのは難しいよ」という周りのコメントも当たらずも遠からずというところでした。もちろん、この図は国全体のマクロ経済的に見たエネルギー生産性であり、個別企業においてはオイルショックをどう迎えたかによってかなり違いが出ていることはすでに述べましたが。

ここで図表８のグラフにある１９９５年から２０１５年の20年間という時間は、日本企業がエネルギー生産性の向上にうまく対応しきれなかった状態を示しておりますが、さらに炭素生産性となると低迷傾向は顕著になります。その間、欧州の環境対応先進国のほとんどに追い抜かれてしまい、なんとあの米国にすら迫られています。

このエネルギーおよび炭素生産性を伸ばすためには、分子の売上・利益・付加価値を増やしつつ、同時に分母であるエネルギー消費量、炭素排出量を増やさないか、あるいは減らすことです。エネルギー消費原単位のところで説明したように、この20年間では省エネルギー・エネルギー効率化は停滞していたので、日本企業は結果として分子である売上・利益・付加価値を増大させること、つまり企業としての成長ができなかったということになります。

この厳然たる結果は、あくまで国全体のマクロ経済的な傾向であるとはいえ、「世界最高水準の排出削減技術を持ち、オイルショック以来の努力で乾いた雑巾であり、だからこそ排出削減の限界費用が世界最高である」と豪語していた日本が、なぜこうした状況に陥ってしまったのでしょうか。

以上のことは、一つの切り口からのデータ分析結果であり、さまざまな専門家からの突っ込みは承知の上ですが、この失われた20年間の結果について、特に今後、脱炭素化、カーボンニュートラル達成を本気で進めたい企業経営者は、まずは真摯に受け止めるべきではないでしょうか。

企業成長と脱炭素化は両立できる。否、両立しなくてはならない。

このことは決して易しいことではありませんが、企業経営者としては脱炭素化が必須の要件となる時代の到来とともに、企業の成長に向けてより具体的な指示や行

図表8　エネルギー生産性・国別推移

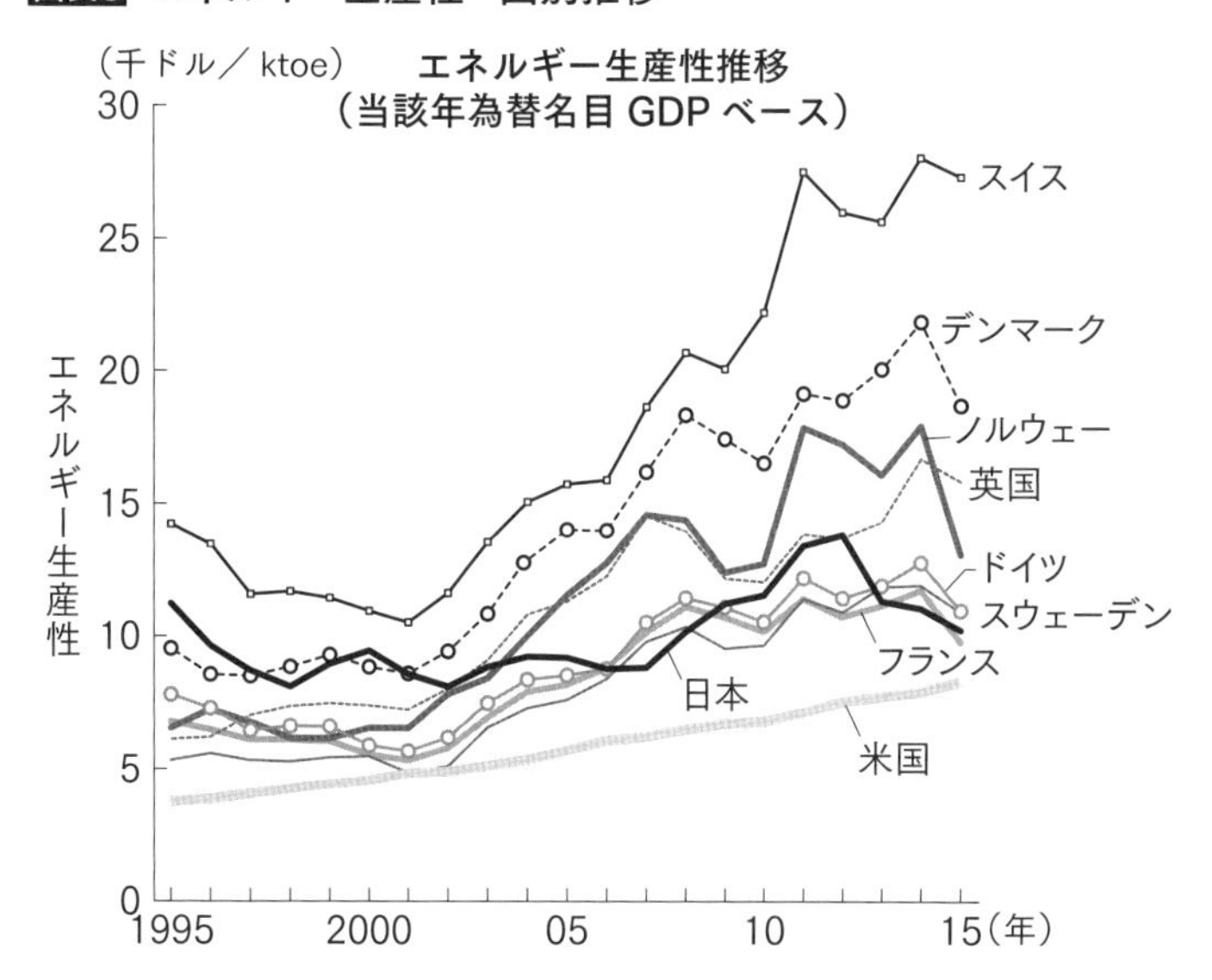

出所：環境省「カーボンプライシングのあり方に関する検討会」参考資料より抜粋

図表9 炭素生産性・国別推移

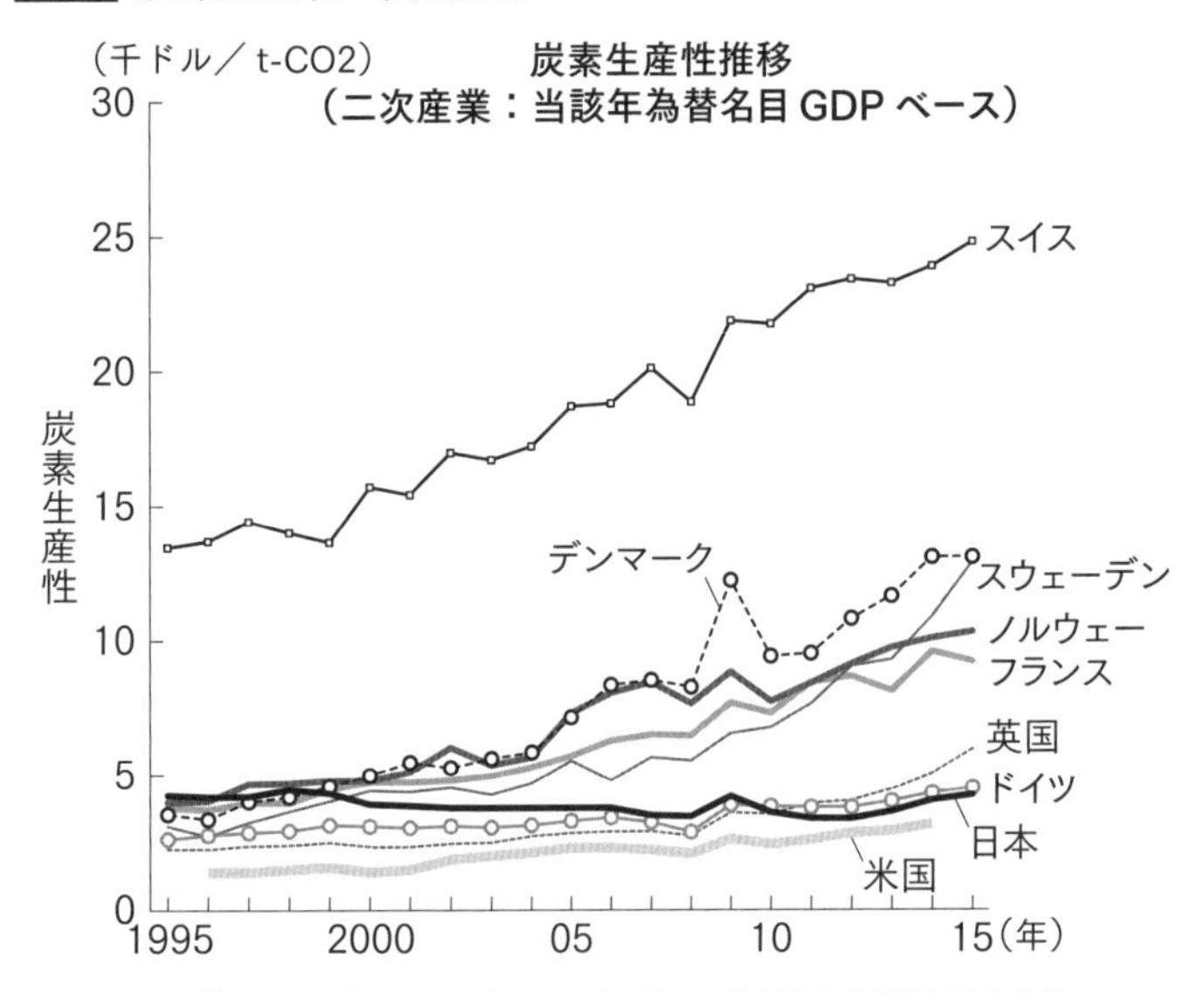

出所：環境省「カーボンプライシングのあり方に関する検討会」参考資料より抜粋

動に移していかねばなりません。２０５０年カーボンニュートラル達成までには、まだ30年近くの年月があるので、先のことのように感じもしますが、それでも社会全体のカーボン排出が実質ゼロという目標は、実現がとてつもなく高く困難なものです。

また日本企業においても、生き残りを賭けた苦しい闘いとなり、それをやり切るにはまずは社内全体、特に現場で働く従業員を腹落ちさせて具体的な行動に導いていく必要があります。その30年近くにわたる苦しい航海を正しくナビゲートしていくためには、企業経営者は自らの会社が正しい方向に進んでいるのかどうかを常に注視していく必要があるでしょう。その確認のための指標として、ここまで説明してきた「エネルギー生産性（ＥＰ）」、さらに「炭素生産性（ＣＰ）」が有効になるのではないでしょうか。その点を次章以降にて詳しく説明していきます。

省エネ法の機能・役割と現状の問題・課題は？

ここでこれまでの議論の中でたびたび紹介してきた省エネ法について、以下の3つの視点で筆者なりの考えを述べておきます。

① 省エネ法が、現在のわが国の省エネルギー・エネルギー効率化にどのように役立ってきたのか？

② 省エネ法の現状の問題点と課題は何か？

③ 将来的には、省エネ法をどうしていくべきか？

まず省エネ法の歴史を振り返り、その機能とこれまでの役割を考えたいと思います。「エネルギーの使用の合理化等に関する法律」というのは、省エネ法の正式名称で、1970年代に入り二度にわたりわが国が被ったオイルショックを契機として、1979年に制定された法律です。その目的は、「内外におけるエネルギーをめぐる経済的社会的環境に応じた燃料資源の有効な利用の確保に資するため、工場等、輸送、建築物および機械器具等についてのエネルギーの使用の合理化に関する所要の措置、電気の需要の平準化に関する所要の措置その他エネルギーの使用の合理化等を総合的に進めるために必要な措置等を講ずることとし、もって国民経済の健全な発展に寄与すること」となっております。

この目的にあるように、省エネ法が規制する分野は、エネルギー使用者への直接規制と間接規制があり、前者として「工場・事業場」「運輸」の事業部門であり、後者として「機械器具等」「一般消費者への情報提供」部門となっています。

直接規制である工場・事業場等の設置者や輸送業者・荷主に対して、省エネ取り組みを実施する際の目安となるべき「判断基準」を示すとともに、一定規模以上の事業者にはエネルギー使用状況等を報告させ、取り組みが不十分な場合には指導・助言や合理化計画の作成指示等を行うこととなっています。この一定規模以上の事業者には、毎年「定期報告書」の提出が義務づけられており、その中には中長期の省エネルギー・エネルギー効率化計画を示した「中長期計画書」も含めることとなっております。

間接規制である機械器具等の製造または輸入業者に対して、機械器具等のエネルギー消費効率の目標を示して達成を求めるとともに、効率向上が不十分な場合には勧告等を行うこととなっております。この機械器具には、エアコン・冷蔵庫・テレビ等の家電製品、自動車、建材などが含まれており、この措置は「トップランナー制度」と呼ばれています。この制度は、効果的な政策として国際的にも注目をされており、アジア諸国などが日本の制度を参考にし、類似の制度を導入しております。つまり、目標となる省エネ基準（トップランナー基準）を示しつつ、商品にエネルギー消費効率の表示を義務づけることで、製造事業者間の技術開発競争を促すことになり、結果として機械器具類の省エネルギー化を促進することに役立ちます。

Bクラス	Cクラス
省エネが停滞している事業者 【水準】 ①努力目標未達成かつ直近2年連続で原単位が対前度年比増加または、 ②5年間平均原単位が5%超増加 【対応】 注意喚起文書を送付し、現地調査等を重点的に実施。	注意を要する事業者 【水準】 Bクラスの事業者の中で特に判断基準遵守状況が不十分 【対応】 省エネ法第6条に基づく指導を実施。

Bクラス	Cクラス
1,207者（10.6%）	13者
1,391者（12.2%）	25者
1,601者（14.0%）	38者
1,784者（15.6%）	
1,217者（10.7%）	精査中

さて、こうした直接・間接的な規制によりエネルギーの使用の合理化を図ることを目的とした省エネ法が、その制定以来、わが国の省エネルギー・エネルギー効率化にどのように役立ってきたのでしょうか。

もちろん、1979年の制定後すでに40年以上が経過しており、実際にその間には社会的な環境も大きく変化しており、その変化に応じて中身の措置類もかなり変わって

図表10　事業者クラス分け評価制度

工場等規制：事業者クラス分け評価制度（SABC 評価）

Sクラス	Aクラス
省エネが優良な事業者 【水準】 ①努力目標達成または、 ②ベンチマーク目標達成 【対応】 優良事業者として、経産省 HP で事業者名や連続達成年数を表示。	省エネの更なる努力が期待される事業者 【水準】 B クラスよりは省エネ水準は高いが、S クラスの水準には達しない事業者 【対応】 メールを発出し、努力目標達成を期待。

	Sクラス	Aクラス
2015(2010 ～ 2014 年度)	7,775 者（68.6%）	2,356 者（20.8%）
2016(2011 ～ 2015 年度)	6,669 者（58.3%）	3,386 者（29.6%）
2017(2012 ～ 2016 年度)	6,469 者（56.7%）	3,333 者（29.2%）
2018(2013 ～ 2017 年度)	6,434 者（56.6%）	3,180 者（27.8%）
2019(2014 ～ 2018 年度)	6,468 者（56.6%）	3,719 者（32.7%）

出所：資源エネルギー庁資料、2020年8月7日「省エネルギー政策の進捗と今後の方向性」より抜粋

きておりますが、総じて評価すると、前半の20年間は十二分に機能し、わが国の省エネルギー・エネルギー効率化をかなり大幅に押し上げてきました。

一方、現在まで続く後半の20年間は、かなり行き詰まり感が出てきており、制度の中身自体は精緻化・複雑化しつつも、規制の対象となっているエネルギー使用者にとって受け身的な「やらされ感満載」になっているの

ではないでしょうか。もちろん、トップランナー制度など、導入来、メーカーの製造商品における省エネルギー・エネルギー効率化には十分な効力を発揮しているものもありますが、特に、直接規制の対象である事業者においては、形骸化した定期報告書・中長期計画書の提出や複雑化したベンチマーク制度（後ほど詳述）への対応などには、それらへの報告対応作業だけに終始して、本来の省エネルギー・エネルギー効率化への前向きな対応にはつながっていないのではないでしょうか。これらの率直な疑問点等は、筆者が省エネルギー・エネルギー管理支援事業者としてさまざまな営業現場を廻ってきた時に得た実感です。

また、提出が義務づけられている定期報告書等の内容から、「事業者クラス分け評価制度」というものがあります。そこでは事業者をS（優良事業者）・A（一般事業者）・B（停滞事業者）・C（要注意事業者）へとクラス分けをします。Sクラスの事業者は、優良事業者として経済産業省のホームページで公表されます。

一方、Bクラスとして省エネが停滞していると判断された事業者は、エネルギー消費原単位等の推移を確認するため「立入検査」「工場現地調査」が行われる場合があり、さらに要注意事業者となったCクラスでは、立入検査の時点で指導等が行われます。

資源エネルギー庁が公開している最新の事業者クラス分けの結果を図表10に示します。

このデータから分かるように、すでに5年以上前から、Sクラス事業者が約11400社ある対象事業者全体の6割近くなっております。この事実は、これはSクラス基準が甘すぎるのではないか、あるいはもうこれ以上の余地がなく本当に「絞り切った雑巾」状態なのか、つまり、本当に省エネルギー・エネルギー効率化が進んでいるのかどうか、まだ余地があるのかないのかなど、現場での実態がよく分からない状態となっております。

省エネ法の「ベンチマーク制度」とは？

そこで新たに考案されたのが前出した「ベンチマーク制度」というものです。このベンチマークとは、特定の業種・分野について、当該業種等に属する事業者が、中長期的に達成すべき省エネ基準（ベンチマーク）であり、省エネの状況が同業他社と比較して進んでいるか遅れているかを明確にして、進んでいる事業者を評価するとともに、遅れている事業者にはさらなる努力を促すため、各業界で全体の約1

図表11 ベンチマーク制度の現状

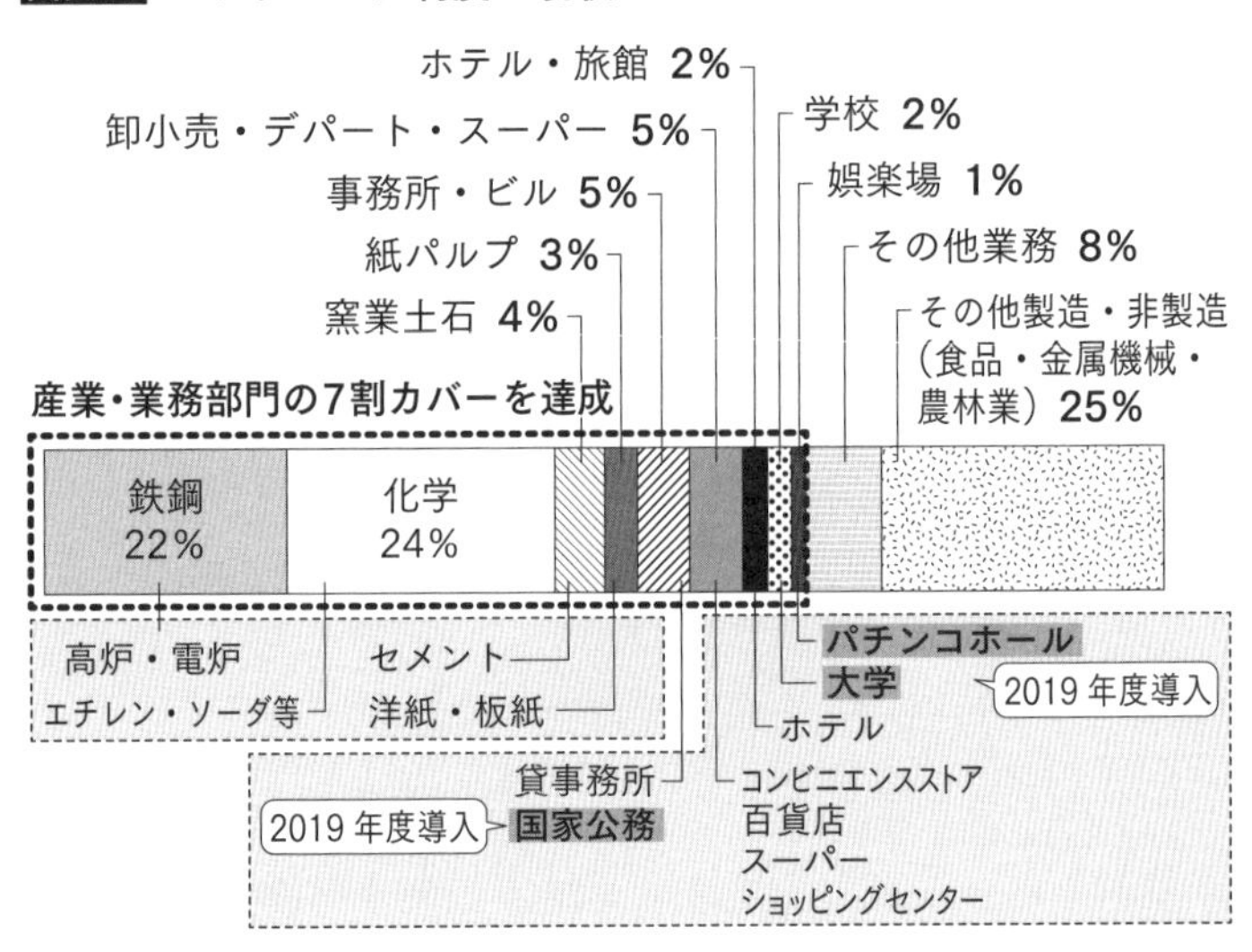

出所：資源エネルギー庁資料、2020年8月7日「省エネルギー政策の進捗と今後の方向性」より抜粋

から2割の事業者のみが満たす水準を事業者が目指すべき水準（ベンチマーク）として設定したものです。つまり、これも前述した機器トップランナー制度と同様に、「産業・事業者トップランナー制度」と呼ぶことができるもので、こちらはエアコンや自動車のような商品のトップランナーではなく、産業別事業者・企業自体のトップランナーと言うことができます。

筆者としては、このベンチマーク制度は、その基本的な考え方は大変効果的であると評価しておりますが、実際の現場からの声を聴き、実態を見たりすると、かなり問題点や課題も多々あると感じております。

ちなみに政策当局としてのベンチマーク目標設定の考え方は、「最良かつ導入可能な技術を採用した際に得られる水準」、「国内事業者の分布において、上位1から2割となる事業者が満たす水準」であり、「国際的にみても高い水準」としており、これはかなり納得のいくものです。さらに、業種内で過半の事業者がベンチマーク目標を達成した場合や、目標年度が近づいた場合等には、新たな目標値および新たな目標年度を検討するべきとしており、この考え方も理解できます。これらの基本的な考え方は、大変明確であり、事業者においてさらなる省エネルギー・エネルギー効率化を促進させるためには有効な施策であると筆者は評価しております。

そこで、このベンチマーク制度の導入経緯と現状ですが、2009年度から開始しており、初めはエネルギー使用量が大きい鉄鋼・化学・電力供給・セメント・石油精製など重厚長大産業から、2016年度から徐々にコンビニエンスストア・ホテル・百貨店・食料品スーパーなど業務系へと進めており、現時点では、産業・業務部門の約7割をカバーしております（図表11参照）。

それでは、このベンチマーク制度に対する筆者が問題・課題と考えることを以下に述べていきます。

まず、それぞれの業務ごとのベンチマーク指標を計算するためのとても複雑な式が用意されていますが、都度、実情に合わせて見直しはしているものの、いかんせん大変複雑かつ怪奇なものになっており、極めて分かりにくくなっております。当然ではありますが、その算定式も業界ごとに式自体の形式やそれぞれの係数などもまったく異なっており、さらに、いろいろ算定式への導入が要求されるデータを集めて、計算された結果が、果たして実態の日々の業務活動とどう関わるのか、おそらく試算した担当者でもほとんど理解できないのではないか。確かに算出された結果によって、同業他社との比較がされ、上位1割から2割内に入るか入らないかのランクづけはされるものの、同業者と言っても大きな企業であれば、完全に事業内容が一致するはずがなく、そのランクづけ結果が今後の企業の経営方針や戦略に対して果たしてどういう意味があるのか疑問です。

結果として、現場の人間が多大な時間と労力をかけてベンチマークを試算し、定期報告書の一カ所の枠に記載するだけということになり、省エネ法の本来の目的である事業者のエネルギー使用の合理化に資することにつながっているのでしょうか。

ぜひとも政策担当者は、そのあたりの現場の生の声をもっと聴いてほしいものです。

前述した6割近いSクラスの中で、ベンチマークによって最優秀事業者を特定するということですが、お上から要求されているのでやむを得なく作業をして、結果を提出するという形骸化した業務となっていないか、そうした実態検証・フィードバックが必要ではないでしょうか。

本来は、このベンチマーク試算の結果を経営陣が報告を受けて、将来の自社の省エネルギー・エネルギー効率化向上のための活動・投資計画づくりを検討するように指示すべきところですが、単にベンチマークによって上位の1割から2割に自社が入っているかどうかが確認できるだけで、ベンチマーク自体のデータそのものは、その後の経営判断に資することはほとんどないと言っても良いでしょう。

せっかく現場が多大な労力と時間をかけて省エネ法対応のために集めたデータ類が、単に諸報告書の作成やベンチマーク算定のためだけのものとなっていることは、今後、日本企業の現場において大いに労働生産性を高めていかねばならないことへの助けになるどころか、足枷になっているのではないでしょうか。筆者としては、そのあたりの種々の疑問点が省エネ法の課題であると感じているところです。

今後、省エネ法をどうしていくべきか?

二度のオイルショックを現場力にて抜け出て、その後大いに事業を成長させてきたかつての日本企業は、世界からは注目の的であり、それこそベンチマークされる存在でした。その当時、日本でこのような省エネ先進国神話を作り上げた事実には、1979年に制定された省エネ法も大いに貢献したことでしょう。

一方、その後の40年間で、特に最近の20年間で、経済成長と省エネルギー・エネルギー効率化の両立、デカップリングに戸惑った事実を真摯に見つめる時、このかつての省エネルギー・エネルギー効率化政策における「エースで4番」であった省エネ法も、将来に向けて抜本的に見直していくという判断が必要なのではないでしょうか。

前項で紹介した事業者への直接規制による定期報告・中長期報告書制度に基づく事業者クラス分け制度や産業・事業者のトップランナー制度でもあるベンチマーク制度などは、わが国特有の「ガラパゴス化」をしているのではないか、このあたりも真摯に総括する時かもしれません。

日本企業も大企業のみならず、中小企業でも、縮小していく国内市場だけでは生き残りが難しいと判断し、海外市場をターゲットにしていくべき時代になっている中で、もっとグローバルな視点から、省エネ基準やベンチマークの考え方も変えていくべきではないでしょうか。もちろん、省エネ法によって長い間培われてきた良い面は残しつつも、形骸化しつつあり、時代の流れに合わなくなってきた面については思い切った改革が必要ではないかと考えます。

さらに、商品および産業・事業者ベンチマーク制度の基本も、国内の業界内での同業者間競争を促していますが、それがこれからのグローバルな時代にどれほど有効なのでしょうか。脱炭素化という世界的な潮流によって、特にエネルギー使用量の大きな重厚長大産業は、２０５０年までの30年間において自らの業種そのものの見直しのような大胆な業態転換も避けて通れなくなっています。そんな厳しい状況下で、果たして国内での狭い範囲での同業者とのベンチマーク比較がどの程度意味を成すのでしょうか。むしろ、どのように事業の売上・業績を伸ばし、同時に炭素を出さないようにするという大変難しい経営判断をしていかざるを得ない経営陣が注目すべきデータや指標を、省エネ法でも積極的に採用していくべきではないでしょうか。

また昨今の傾向として、そうした脱炭素経営を標榜するグローバル企業は、投資時の企業評価として環境（E：Environment）・社会（S：Social）・企業統治（G：Governance）を重視するという、いわゆるESG投資家を強く意識した経営を進めなくてはなりません。省エネ法が目指すべき方向性も、そのような経営者を側面から支援・応援できるようにしたいものです。

例えば、ESG投資家は、評価したい企業がその所属する国内業界における動きや地位など、あまり気にかけることはないでしょう。むしろ、個別企業がいかなる脱炭素に向けたビジョンと事業を成長させるグローバルな事業戦略を立案して、より具体的に実行へと移していけるか、その実現可能性と事業自体の持続可能性（サステナビリティ）をしっかり見ていくこととなります。

経営者は、そうした要請に応えるためにも、ESG投資家等にアピールできる指標を欲することとなるでしょう。それこそが、エネルギー生産性（EP）であり、炭素生産性（CP）になるのではないか、筆者として強調したい主張はその点であり、今後の省エネ法をどうしていくかという前向きな議論においても、EPやCP的なニュアンスも加味した対応を期待したいものです。

第四章　イニシアチブ参加で高める国際発信力

エネルギー生産性の向上に絡んだ国際イニシアチブ

ここでエネルギー生産性の向上を主たるテーマとした国際イニシアチブである「ＥＰ１００（Energy Productivity 100%、エネルギー生産性１００％）」という構想を紹介します。この「ＥＰ１００」は「ＲＥ１００（Renewable Energy 100%、再生可能エネルギー１００％）」「ＥＶ１００（Electric Vehicles 100%、電気自動車１００％）」と同じく、英国に本部がある国際環境ＮＧＯの The Climate Group（略称：ＴＣＧ）が運営する活動です。日本側の窓口は日本気候リーダーズ・パートナーシップ（ＪＣＬＰ）という組織が日本企業の構想参加を支援しています。

ＥＰ１００を企業が宣言・署名するためには、以下の３つの要件のうち、どれか一つを満足させる必要があります。

① エネルギー管理システム（ＥｎＭＳ）を実装すること
② エネルギー生産性を2倍にすること
③ ネットゼロカーボンビル（ＺＥＢ）を運営・所有・開発すること

第一要件のＥｎＭＳとは、Energy Management System のことであり、その実装とはエネルギーを定常的に管理できるシステムを10年以内にグローバルで導入する

図表12 EP100を宣言するための3つの要件

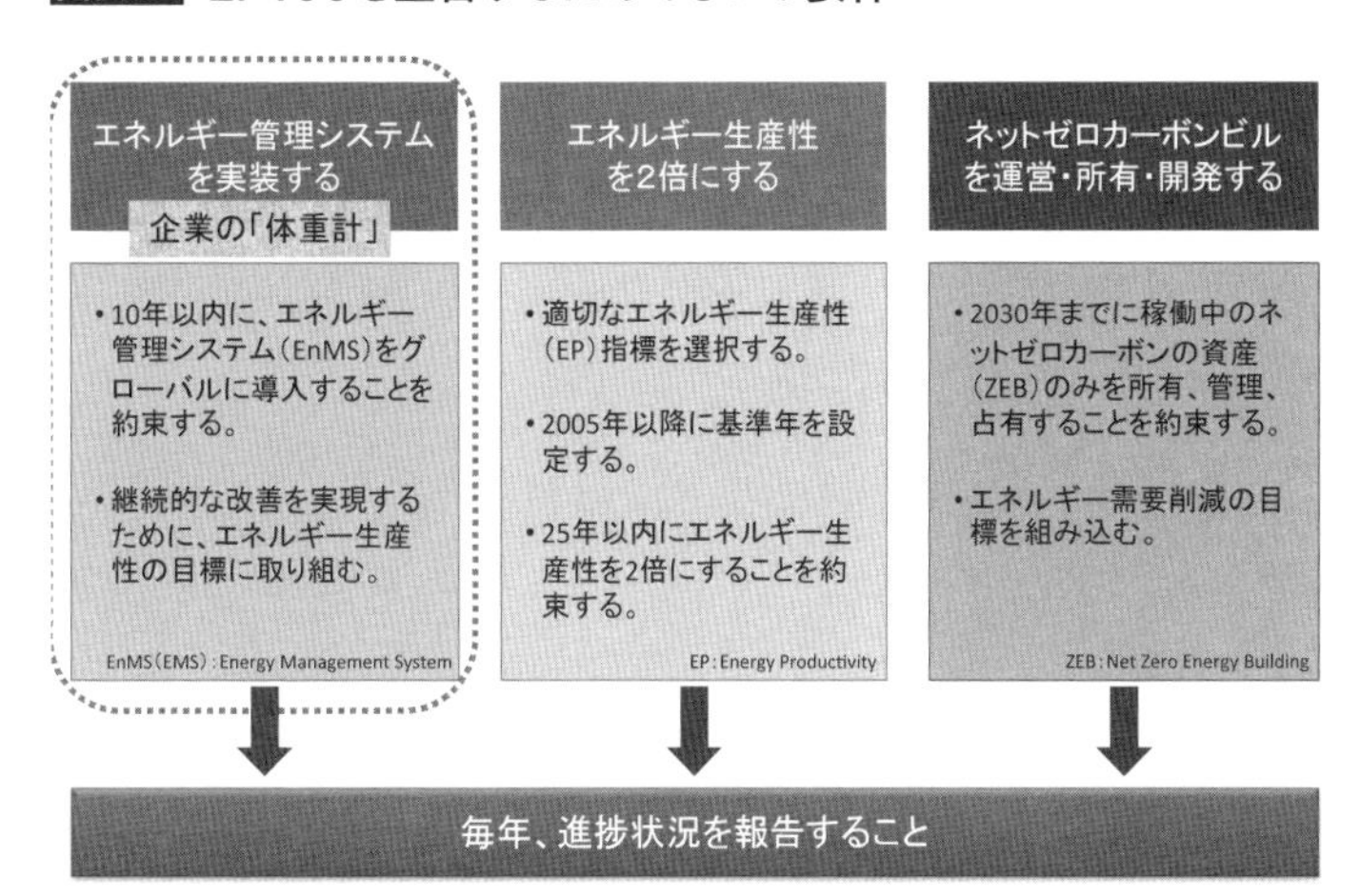

出所：TCGによるEP100プレゼンテーション資料を筆者にて邦訳

ことを約束することとなります。このEnMSは、脱炭素経営への転換に向けて必須のインフラであると筆者は考えているので、その細かい内容については後ほど詳述します。ここでは二番目の要件であるエネルギー生産性を継続的に改善し2倍まで向上させるために、その達成進捗状況を確認するためにも、EnMSは必須なものであり、ある意味企業の「体重計」のようなものだと理解してください。

次に第二要件では、自社で適切に設定したエネルギー生産性（EP）を、2005年以降を基準年として、そこから25年以内にＥＰ指標を2倍にすることを約束する必要があります。

最後の第三要件のＺＥＢ（Net Zero Energy Building、ＣＯ2の排出が実質ゼロのビル）については、２０３０年までに稼働中のＺＥＢの資産を所有、管理、占有することを約束することになります。

これらのＥＰ１００に署名・宣言するための3つの要件を図にまとめると、図表12のようになります。

いずれにしても、この種の国際イニシアチブは、いわゆる法律に基づく規制のようなものではなく、目標設定などに一定の基準や目安はあるものの各企業が自主的に自由に目標を設定し、その目標達成に向けた活動状況を随時モニタリングし、積極的にその結果を公表していくことです。このあたりの対外的アピール重視の企業マインドは、日本企業が最も苦手としているところかもしれませんが。

今後、本格的な脱炭素化・カーボンニュートラルを推進していく企業には、ぜひともこのＥＰ１００宣言を通じて、自らの企業体を筋肉質にしていくことを強く推奨したいものです。特に、エネルギー生産性を2倍にするという目標を掲げつつ、その確実な達成に向けた社内管理体制を構築する上でも全社的なエネルギー管理システム（ＥｎＭＳ）の導入をすること、つまり前述したＥＰ１００の①項と②項を同時に実施していくことが望ましいでしょう。さらに、一部の自社保有施設をＺＥＢ化していくことができれば最優秀のＥＰ１００宣言企業となり、ＥＳＧ投資家からも高い評価を得られるのではないでしょうか。

また、エネルギー生産性（ＥＰ：Energy Productivity）を向上させる活動というのは、単なる省エネルギー・エネルギー効率化活動とは次元が異なり、そのエネルギー生産性指標を経営陣が常に管理していくインセンティブがあります。前述したようにＥＰ算定式の分子が売上、利益、付加価値などの事業活動に直結した指標で、分母はその活動に要したエネルギー消費量であり、このＥＰ指標を少なくとも月次ベースで確認、管理していくことは、売上や利益の会計・経理上の管理と同様に、経営者の最大の関心事の一つとなることでしょう。さらに、近い将来には、このエネルギー生産性に加えて、その兄弟指標でもある炭素生産性（ＣＰ：Carbon Productivity）をも経営指標として管理せざるを得ない状況になるはずです。むしろ、最初からＥＰとＣＰを同時に管理していくことが良いかもしれません。企業経営者が同業他社よりもいち早くこのようなエネルギー生産性や炭素生産性をしっかり管理できる体制を構築し、その改善を経営のＫＰＩ（Key Performance

Indicator：重要業績評価指標）の一つとして捉えることができた企業が、２０５０年のカーボンニュートラルな世界で生き残っていける企業になることは間違いありません。

三位一体の国際イニシアチブ対応

前項ではＥＰ１００イニシアチブへの取り組みの有効性を説きましたが、可能であれば同時にＲＥ１００とＳＢＴ（Science Based Targets、科学と整合した目標設定）との三位一体的な対応が、２０５０年カーボンニュートラルに挑戦する脱炭素経営企業としてはさらに確かなものになるでしょう。

もうすでにＳＢＴやＲＥ１００宣言をしている企業においては、そこにＥＰ１００の「体重計」を加えないと基礎がしっかりしていない「砂上の楼閣」になりはしないか心配ですので、ぜひともＥＰ１００宣言を加えて対応体制を三位一体としていただきたいものです。

ＥＰ１００によって自らの企業体質を筋肉質にしつつ、その前提で自らの事業を賄うエネルギーを脱炭素化するために、すべてを再生可能エネルギーにするという

図表13 EP100は「脱炭素経営」の基礎

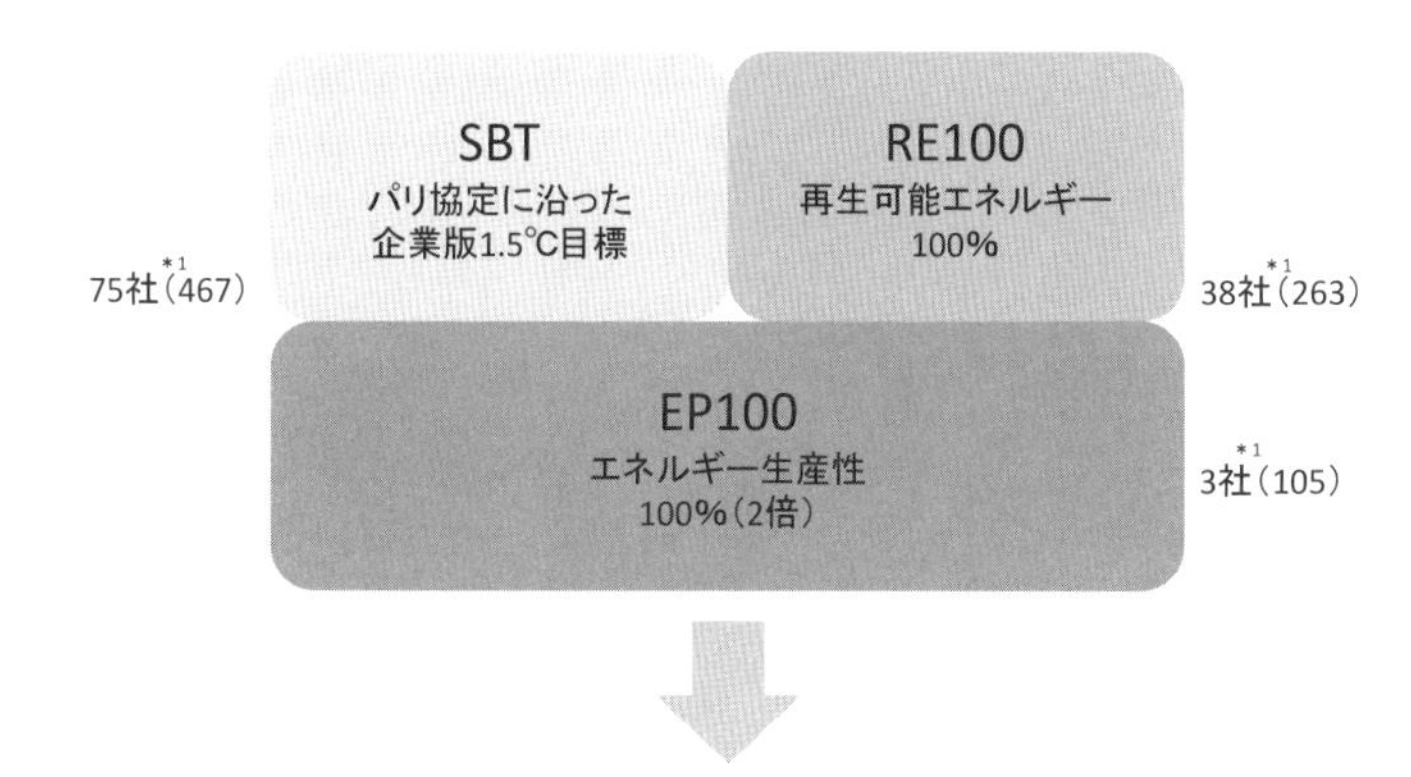

＊1: 2020年10月現在の国内参画企業のみ、( )内は海外も含めた企業全体。SBTの社数は、認定済社数のみ。

ＲＥ１００を追求し、さらに自らの事業に関連するサプライチェーン全体も含めた脱炭素化を推進するためにも、ＳＢＴ構想に取り組む。このＥＰ１００の基礎の上に、ＲＥ１００とＳＢＴがあるという三位一体が大変座りが良いではありませんか。

企業として経営層のコミットメントによるトップダウンにて、この三位一体の構想宣言と実施計画を推進することで脱炭素化の基盤ができます。世界的な脱炭素社会構築に向けた大きな潮流において、個別企業として中長期的に持続可能、サステナブルな経営であることを示していくことが今後の経営者には求められ、そのような大きなビジョンを掲げる経営者が引っ張る組織・企業こそが、ＥＳＧ投資家も期待している真の脱炭素経営企業と言えるのではないでしょうか。

なぜか日本では人気のないＥＰ１００

さて、ここでＥＰ１００、ＲＥ１００、ＳＢＴの3つのイニシアチブについて、最近のわが国での加入状況を示します。それらのイニシアチブについて、２０２１年4月現在の宣言企業数は、下表のとおりとなります。

	ＳＢＴ	ＲＥ１００	ＥＰ１００
グローバル	６８１社	３０８社	１２４社
内、日本企業	98社	53社	3社

一覧して分かるように、ＥＰ１００において日本企業の宣言数が他のイニシアチブと比較しても著しく少ないのです。省エネルギー・エネルギー効率化は、日本企業にとってのお家芸ではなかったでしょうか。ちなみに現在、日本企業で

ＥＰ１００宣言をしているのは、２０１８年に大和ハウス工業株式会社、同じく２０１８年に日本電信電話株式会社（ＮＴＴ）、最近になって２０２０年に大東建託株式会社のたった3社のみです。

確かにＲＥ１００などと比較すると、ＥＰ１００は少し内容の理解が難しいような気もしますが、それでも日本企業に人気がないのは、やはりそこには日本企業が抱えている根本的な問題や課題があるようにも感じております。

わが国においてＥＰ１００の宣言企業が少ないのは、長年省エネルギー・エネルギー効率化分野に関わった筆者から見ると、日本国が辿ってきたその歴史とトラウマに似た既成概念が大いに影響しているのではないかと心配になります。

ここでも前述した京都大学教授の諸富先生が指摘された産業界側からの意見である「日本が先駆的な温暖化対策に取り組む必要がないとされた3つの理由」が思い出されます。

その3つを再掲すると、

1．日本はすでに世界最高水準の排出削減技術を持っている。

2．日本は石油ショック以来、省エネに取り組んで今や「乾いた雑巾」だ。

3．日本の限界排出費用は世界最高水準、さらなる温暖化対策は成長にマイナスだ。

やはりここでも筆者が四半世紀闘ってきた「絞り切った雑巾論」が、日本企業の脱炭素経営に向けた企業・事業構造変革の障害となっているのでしょうか。

政府や企業のエネルギーに関連する方々の一般的なコメントでは、「わが国は、あるいは当社は、『徹底した省エネルギー』とともに、再生可能エネルギーの最大導入と……」というように、「徹底した省エネルギー」という言葉がある種の枕詞のように使われることにたびたび遭遇します。

その言葉を聞いた時に、いつも筆者が感じる疑問と質問は以下のようなものです。

「御社は『徹底した省エネルギー』をやっているとおっしゃいますが、具体的には省エネルギー・エネルギー効率化施策で、あるいは省エネルギー・エネルギー効率化投資をどのように徹底して進められていますか？」

「今の企業経営で、経営と現場をデータによってしっかりつないだエネルギー管理体制が構築され、御社、あるいは御社グループ全体としての『徹底した省エネルギー』が達成できていますでしょうか？　経営陣がそのことを迅速にチェックできる体制は整っているでしょうか？」

以上の2つの質問は、企業経営者に向けたもので、以下の疑問と質問は、国のエネルギー政策担当者に向けたものです。

「今の省エネ法が、また半世紀近く前のオイルショックを契機として作られた省エネ法が、その後何度か加筆修正は加えられているものの、現時点で『徹底した省エネルギー』を最終需要家である企業や個人へ強く要請するものとなっていますでしょうか？」

そして企業経営者と、政策担当者の両方に言いたいのは、次の質問です。

「省エネルギーやエネルギー効率化というのは、一度、何かしらの規制や計画等による行動や投資をすればそれで終わりではなく、地道に継続的に監視、管理、修正、計画、改善を続けていかないと『徹底した省エネルギー』の本当の効果が得られないことをご理解いただいていますか？」

国として、企業として、本気で世界をリードする、世界の模範となる脱炭素社会や脱炭素経営を目指すのであれば、上記の質問へ明確に具体的に答えてもらい、可能な限り具体的な行動へと展開していただきたい、というのが筆者の切なる願いです。

ＥＰ向上による「絞り切った雑巾論」からの脱却から

筆者が省エネルギー・エネルギー効率化を実ビジネスとして展開することを自らの使命として活動を開始して、早くも四半世紀が経過しました。その25年間にわたる葛藤の歴史は、まさに「絞り切った雑巾論」との戦いでもあったことはすでに述べました。

省エネルギー・エネルギー効率化の提案を顧客に提示する時には、必ずその方策の説明と同時に、その方策を実施した場合の費用対効果を求められます。つまり、方策の導入によって結果としてエネルギーの消費量をどの程度減らすことができ、そのエネルギーの減量によってコストをどの程度下げることができるのか、そのための必要な投資額をそのコスト削減で除すことで投資回収年数を算定することです。

確かに現場の担当者が社内での投資稟議を通すためには、この種の経済性のチェックは止むを得ない面もあるかもしれませんが、例えばこの回収年数が3年以内ならＧＯであり、それ以上ならＮｏｔ ＧＯというような単純な投資評価・判断には、いつもどこか割り切れなさを感じておりました。

この経済性評価は、その時々のエネルギーコストにも依存し、それが高ければ回収年数は短くなり、低ければ長くなります。確かに日本の企業現場において、単純投資回収年数が3から5年を切るような方策は、それほど多くはないかもしれません。ここに「絞り切った雑巾論」が幅を利かせ、だからもう省エネルギー・エネルギー効率化の余地はなく、現場はしっかりと最適運用をしておりますとなるのです。管理者や経営者側もこうした現場からの声を鵜呑みにして、「もう当社は省エネルギー・エネルギー効率化を十分に達成してきており、これ以上の投資の必要はありません」と安易に判断してしまうのです。

この根本ロジックを覆すためには、どうしたら良いか。この筆者の長年の大きなテーマにどのような結論を出していくべきか。

従来のエネルギー消費量を減らすという省エネルギー・エネルギー効率化の狭い概念から脱却し、次世代型の省エネルギーのあり方を目指すべきです。そのために判断する経営指標として、「エネルギー生産性」さらには「炭素生産性」を採用することです。

以上のことをまずは経営者層が理解していただき、全社的なエネルギー生産性や炭素生産性の定点観測ができるデジタル化した仕組みを導入するための投資判断を早急に下してほしいのです。そうすることでこれまで単純投資回収年数だけの議論で停止していた思考を本来の企業としての生産性向上に向けて、同時に脱炭素化推進の基礎となる炭素生産性の向上へと舵を切ることができるのではないでしょうか。

成功する脱炭素経営においては、自社における事業の成長と脱炭素化推進が両立していくことが必須であり、そこで初めていわゆる個社におけるデカップリングの達成が見えてきます。２０５０年のカーボンニュートラルは世界の有力国においては共通の目標となりつつあり、現在から30年後の時代にも隆々とした企業として生き残ることができる持続可能性を示すことが現時点の経営者には求められています。

そのためには、まずは自らのビジョンとそのトップのビジョンに腹落ちした現場担当者らの力の結集によって、「絞り切った雑巾論」からの早期の脱却を契機として、エネルギー生産性、炭素生産性の向上へと大きく舵を切ってほしいものです。

次世代型の省エネルギーとしての「省エネルギー3・0」

ここで筆者の考える次世代型省エネルギー、筆者はそれを「省エネルギー３・０」と呼びたいと思っておりますが、それについて説明したいと思います。

その前にまず省エネルギーやエネルギー効率化をビジネスとして展開しようとす

る場合、その営業時点における顧客側の担当責任者の典型的な反応をご存知でしょうか。

「当社では今まで省エネを徹底的にやり切ってきたので、もうこれ以上の余地はないと諦めている」

「さらにこれ以上の省エネをと言われると、もう再エネ導入しかない」

「そもそも経営陣があまり省エネに関心も期待もないので、社内でなかなか進めることができない」

以上のような答えというか、省エネルギーやエネルギー効率化を進めない「言い訳」をよく聞きます。前項でも述べたように、省エネルギーやエネルギー効率化を単なる電力やガスなどのユーティリティのコスト削減と捉えて、その方策導入の初期投資を期待されるコスト削減で除することで単純投資回収年数を算出し、費用対効果とする考え方に立てば、上記のような答えが出てくることも止むを得ないのかもしれません。例えば、単純投資回収が3年以内の方策がそんなにゴロゴロと現場にあるような施設は、さすがに日本国には多くありませんので。

しかしながら、そのような施設であっても、どこでどのようなエネルギーが使用されているのか、その使用状況は果たして効率的なのかどうか、といったエネルギーの管理体制がしっかり確立されているかというと、必ずしも十分ではないことが一般的です。会社としての売上や利益を日次、月次、四半期、年次としっかり把握・管理がされているのは、上場しているような優良企業では当たり前となっておりますが、そのようなところでもエネルギーなどのユーティリティデータの管理となるとまだまだです。そのためのデータ管理システムが導入されていたとしても、すでに昔導入したソフトウエアのバージョンアップができていなかったり、そのシステムからのデータを使いこなしている人が退社したために、誰もIDやPWも分からなくなっていたり、というお粗末なケースさえ散見されます。つまり、人に依存した管理システムであり、デジタル化がほとんど進んでいないということです。

前述したように、わが国における省エネルギーやエネルギー効率化の歴史は、1970年代のオイルショックに端を発し、すでに半世紀になりますが、まさに1970年代の10年間を「省エネルギー1・0」とすると、その後、その成果に甘えて1980年代、1990年代、2000年代は、あまり省エネルギーが進まなかった、停滞した30年間であったかと思います。それが2011年3月の東日本大震災後の必要に迫られた節電要請が省エネルギーやエネルギー効率化に再度目を向けることになりました。この10年間を「省エネルギー2・0」とすると、いよいよ

2050年のカーボンニュートラルに向けた2030年までの9年間は、「省エネルギー3・0」として、まったく新しい概念による「次世代型省エネルギー」のあり方を探求していくべきではないでしょうか。

そのための管理指標として、前述したように「エネルギー生産性（EP）」さらには「炭素生産性（CP）」を採用いただきたい。このエネルギー生産性の向上には、企業現場におけるデジタル化の推進（DX）さらには企業の事業文化やビジネスモデルの大転換も合わせて行うことも、筆者の提言する「省エネルギー3・0」には含めたいのです。

さらに、省エネルギー・エネルギー効率化の推進を単なる設備導入投資の一環として検討するというパラダイムからも脱却することも提案したいのです。もし企業が「徹底した省エネルギー」を本気で、かつ中長期的に進めたいのであれば、ESCOのようなエネルギーサービスをビジネスとして提供する業者の活用も積極的に検討すべきであると考えます。つまり、企業サイドとして求めているのは、高効率の設備やシステム自体ではなく、それらが生み出す結果・効用（パフォーマンス）であるはずなので、そのパフォーマンスの保証がしっかり担保できる業者との契約締結も視野に入れるべきではないかということです。例えば製造業であれば、

図表14 気候変動サミットでの主要国の削減目標

参加国	削減目標	基準年
アメリカ	2030年までに50～52%削減	2005年比
カナダ	2030年までに40～45%削減	2005年比
EU	2030年までに55%削減	1990年比
イギリス	2035年までに78%削減	1990年比
日本	2030年までに46%削減 さらに50%の高みに向けて挑戦	2013年比

出所：報道発表資料から筆者が作成

製造自体の設備投資は自己資金で進めつつも、その製造を裏で支えるユーティリティ部分については、資産や人材の保有も含めて大胆にアウトソーシングしていくなどの経営判断をしていくことも、徹底した省エネルギーの達成と企業収益力の向上の両立には必要になってくるということです。

このような新しいビジネスモデルの積極的な活用なども、この「省エネルギー3・0」には含めたいと考えております。

コロナ禍が世界的な混乱を引き起こし続けている2021年は、11月に国連気候変動枠組条約第26回締約国会議（COP26）が英国グラスゴーで開催され、そのCOP26では、「パリ協定」と「気候変動に関する国際連合枠組条約」の目標達成に向けた行動を加速させるため、締約国が一堂に会して議論が行われます。また、その会合に先立って、米国がバイデン新大統領に代わりパリ協定へ復帰を果たし、4月にはその米国が主催する気候変動に関する首脳会議（気候変動サミット）がオンラインで開催されました。

世界の主要国の首脳40人によって、今世紀半ばの温暖化ガス排出量を実質ゼロにするために、その途中時点の２０３０年の目標をどう定め、いかに実現性を持たせるかという議論がなされました。その場で打ち出された２０３０年の「削減目標」は、それぞれに積極的なものでした。

日本政府も２０３０年度までの温室効果ガス排出量の削減目標をそれまでの26％から、一挙に46％まで積み増すと表明しました。さらに菅首相は、50％削減の高みに向けて挑戦すると力強く宣言しました（図表14参照）。

筆者は、この日本政府の46～50％削減目標の発表を受けて、前述した「省エネルギー3・0」の必要性をより強く感じました。なぜなら、２０３０年までというのは、残された期間は9年足らずであり、この短期間にこの目標を達成するためには、まずは現在活用できる技術レベルを前提として、あらゆる手段を公共・民間を問わず国民が総動員する覚悟と具体的な実行が必要だからです。やはり、そこではまずは省エネルギー・エネルギー効率化という基本に立ち返って、自らのダイエット・

筋肉質化に励むことを最優先すべきではないでしょうか。

筆者の省エネルギー・エネルギー効率化分野における実務経験と知見から、この2030年目標の半分は、つまり23～25％は、省エネルギー・エネルギー効率化で賄うべきではないかと考えます。また、最近の私自身のいろいろな営業現場を回った実感として、その削減ポテンシャルは、経営者のリーダーシップにより現場を鼓舞して進めれば、またユーティリティのアウトソーシングのような大胆な方策も活用すれば、十二分にあると確信します。

今日の日本産業・企業に求められているのは、脱炭素・カーボンニュートラル達成に向けた大胆な発想転換です。つまり、単なる脱炭素経営への方針転換という次元ではなく、過去の事業自体のあり方や進め方に拘ることなく、「脱炭素」という新たな価値を遡及するために、大胆な事業構造の変革も含めた企業体自体の変革が不可欠です。その変革の基盤となる行動指針として「省エネルギー3・0」を位置づけてほしいと願っております。

第五章　脱炭素経営への転換に向けた処方箋

脱炭素化の処方箋をいかに考えるか？

ここからは、脱炭素経営への転換を積極的に進めようとする企業経営者と、その指示に基づいて現場にて具体的な行動をしていかねばならない現場責任者と現場担当者へ、さまざまな戦術としての処方箋を紹介していきます。

まず各種施設の脱炭素化を進める上で、重要なことの一つは時間的な概念です。つまり、カーボンニュートラルの到達年限は、現時点では２０５０年となっており、今から30年後ということです。その間を２０３０年、２０４０年、そして２０５０年と３つに区切り、それぞれに何をやっていくかを決めていくのが良いのではないかと考えます。

２０３０年までの残り9年間は、その先の10年、20年後を睨んで、より具体的な行動・投資計画を作ります。すでに日本政府より46％削減というそれまでよりかなり高い削減目標が出ましたが、ある意味、２０５０年にカーボンニュートラルが達成できるかどうかは、２０３０年までの行動や投資に大きく左右されると言っても過言ではないでしょう。なお、その計画は、現在ある技術レベルが前提とならざるを得ないでしょうが、その先の２０４０年、２０５０年に向けた行動・投資計画は、ある程度の新しい技術開発が進むことを考慮すべきかもしれません。そこでまずは省エネルギー・エネルギー効率化をすべての施策・手法の基盤とすることを強く推奨します。

また今後30年の間で、エネルギー消費の元となる現存する諸機器・システム類の更新をどう考えるかも重要かと思います。さらには、30年後までに今の施設自体が存続しているのかどうかの究極の判断も必要となります。

さらに人材育成・教育、あるいは人材の新規確保の問題が最も重要になるかもしれません。会社自体が脱炭素経営に向かうことを前提として、現場の人材の意識改革と能力開発を進めつつ、これからどういう能力を持った、あるいは能力発揮が期待できる人材を確保していくか、その採用した人材をどう育成・教育していくか、など組織体制づくりの肝となる人材戦略が重要な視点となります。

以上のような基本的な方針・考え方のもとに、業務系と生産系のそれぞれの施設において、いかに脱炭素化を進めていくかの処方箋を考察してみたいと思います。

まずは2030年までの行動計画策定と実施を

　では、具体的に個別企業において、どのように脱炭素経営への転換を図っていくことが効率的であり効果的なのでしょうか。企業の規模が大きければ大きいほど、社長である経営トップが「今日から当社は脱炭素経営に転換する！」と宣言しても、それで会社全体が動くほど組織運営は容易ではありません。特に、脱炭素経営に即した施策の実施とその具体的な結果を出すためには、現場における担当者レベルに脱炭素経営の真髄を理解し、腹落ちしてもらう必要があります。古来より人間の性（さが）として従前の状態から変化することには消極的なものであり、その変化が急速であればあるほど保守的になるものです。特に、企業規模が大きい組織に慣れ親しんだ人材にとっては、その傾向は強いのではないでしょうか。そこをいかに突き破って脱炭素経営に向けた社員意識と組織の転換を図っていくか、企業経営陣にとっては、これこそが今後の経営課題の主要テーマとなることでしょう。過去の形に拘らず自らを変化させる発想と覚悟が必要になります。

　この転換を今居る人材のみで進めるのか、あるいは即戦力的なそれぞれの分野におけるエキスパートを広く世間に公募したり、ＥＳＣＯのような効果保証能力（パフォーマンス・ギャランティ）のある事業者等の、外部からの刺激を与えることで意識や組織の転換を図るのか、このあたりの戦術も決めておく必要があるでしょう。

カーボンニュートラルの目標年限は２０５０年ですが、個別企業が脱炭素経営への転換を進める上で、その最初の重要なメルクマール（中間目標点）として２０３０年を掲げるべきであり、政府目標に即した計画づくりが求められます。

そこで、筆者からの一つの提案は２０３０年をターゲット年限としているＳＤＧｓ（Sustainable Development Goals、持続可能な開発目標）の活用です。ＳＤＧｓとは、２０１５年9月に国連持続可能な開発サミットにて「持続可能な開発のための２０３０アジェンダ」で採択された全加盟国が２０３０年までに達成すべき17の目標と１６９のターゲットです。

このＳＤＧｓが企業経営者に本格的に注目されるようになったのは、わが国の年金積立金管理運用独立行政法人（ＧＰＩＦ）のような公的な資産運用組織がＥＳＧ投資家として、企業のＳＤＧｓへの取り組みを非財務情報として考慮するようになったからだと言われております。

さらにＳＤＧｓの17の目標達成に向けた具体的な行動指針として、前章にて脱炭素経営の基本指標として推奨したＥＰ（エネルギー生産性）やＣＰ（炭素生産性）

に深く連動する国際イニシアチブであるＥＰ１００、ＲＥ１００、ＳＢＴが含まれています。さらにＥＶ１００（Electric Vehicle、電気自動車１００％）、タクソノミー、ＴＣＦＤ（Task Force on Climate-related Financial Disclosures、気候関連財務情報開示タスクフォース）など、さまざまな国際的なイニシアチブ（構想）があり、それらへの適切かつ効果的な対応・活用により、自らの会社全体の脱炭素経営への転換の原動力とすることが、社外へのアピールのみならず、社内の意識改革にも活用できるのではないでしょうか。

上記のＳＤＧｓ対応を一つの起爆剤として会社の転換を図るためには、やはりこの分野における専門性を持った人材を外部から招聘するという思い切った人事も必要かもしれません。このあたりの人事に関わる経営判断は、当然人事部レベルにお任せではなく、経営層においてしっかりした方向性を議論して、人事部等への指示をしていくべきです。

脱炭素化への処方箋（業務系施設）

ここからは、企業が事業を進める上で必要不可欠である事務所や工場などの各種事業所における具体的な脱炭素化のさまざまな処方箋について、特に、省エネルギー・エネルギー効率化に関する手法を中心に、筆者の現場経験を基とした考え方を紹介します。

まず事務所系、商業系、医療系、流通系施設などの業務系施設における脱炭素化に向けた方策は、比較的分かりやすく単純です。まずは需要側ですが、照明と空調のエネルギーが通常は全体の60～70％程度であり、これらのエネルギー消費をできるだけ削減することが重要です。照明であれば、ＬＥＤ化は必須でしょう。ＬＥＤ照明器具は、かなり技術的にも進化し安定もしてきているので、できるだけ早期に現状のものから今存在する高効率ＬＥＤ機器へ器具交換することが望まれますが、２０５０年までの２０３０年代には、老朽化することを前提としてもう一回はその当時の最新のものへと更新することになるでしょう。

空調需要は、もう少し複雑かもしれません。やはりまずは機器自体の効率化更新が重要ですが、どのタイミングで更新するかを見極める必要があるでしょう。今の機種が15年以上前のものであれば、即高効率機器への更新計画を作成、予算化し実行すべきです。ただし、空調機器のエネルギー源が電力ではなくガス等の化石燃料の場合は、これも更新時期をどう考えるかですが、ある程度15年以上の年限が経過しているのであれば、この際電化へのシステム全体の燃料転換による更新が望ましくなります。なぜ、ガスのまま高効率機器への更新ではなく、電化なのかと言えば、将来的な脱炭素化に向けては化石燃料であるガスを現地で燃焼することはあまり望ましくなく、更新時に電化を進めておけば電力供給サイド（電力会社）での脱炭素化を期待できるからです。タイミングをいつにするかは慎重な検討が必要ですが、いわゆるCO2排出係数ゼロの電気を購入することで一挙に脱炭素化を進めることができます。この空調をガス等から電力へ更新することは、同時に水や冷媒配管などのやりかえが発生する場合もあるので、綿密な事前の計画による費用対効果の検討が必要になりますが、いずれにしてもある時期までには電化を完了しておきたいものです。

業務系施設において照明と空調負荷以外は、コンセント経由のOA等の機器類や昇降機等の需要であり、これ以上の施設サイドとしての高効率化はあまり検討する余地がないかと思われます。ちなみにコンセント経由のOA機器類等については、不使用時の消し忘れ対策や待機電力の削減対策などは、「ちりも積もれば山となる」的な無駄取りの発想による社内省エネ運動のような形で進めると良いでしょう。

以上の機器更新の方策については、当該施設自体が2050年以降も存続するという前提に立ったものであり、それまでに建て替え等の予定がある場合は、その時までの年数によっては更新を見送り、後述するＣＯ２排出係数ゼロとなる再エネ電力の調達のみで対応するという方針も有効になります。

脱炭素化への処方箋（生産系施設）

次に、ものづくりの拠点としての生産系施設、いわゆる工場における脱炭素化への処方箋に移ります。工場のような生産系施設は、かなりいろいろな検討すべき要素要因があり、そのあたりを加味した事前の中長期ロードマップ作成が重要になります。

大半の工場では消費エネルギーの半分以上は製造設備によるものでしょうから、まずはその製造をどうするかが最初に検討すべき視点となります。２０５０年までの30年間を前提としたときに、今の製品の製造ビジネスが継続しているかどうかは、なかなか難しい判断だと思われますので、ここでもまずは２０３０年までの9年間で考えたらどうでしょうか。

もしこの製造自体が脱炭素化に対して逆行するものである場合には、大幅な事業自体の構造転換が急務となり、この判断はさらに重く難しい経営判断となります。

最近、鉄鋼業界が水素によるゼロカーボン・スチール製造の技術開発ターゲット年限を２１００年から２０５０年になんと一挙に半世紀も前倒しすると発表しました。この決断などは、グローバルな大きな流れに即した経営判断であり、今後は企業自体の生死を賭けた行動になっていくでしょう。日本政府の２０５０年カーボンニュートラル宣言は、その決断を促すだけの影響力があり、グローバルの情勢判断からもそうせざるを得なかったと推察できます。

自社のビジネス自体が２０３０年程度までは、まだまだ十分に今の製品や製造方式でやっていけるとの判断であれば、まずはこの製造機器類や製造システムの高効率化を早急に検討すべきでしょう。なにせ工場全体の半分以上のエネルギーを使っているので、脱炭素化を進める上では、そこへ目をつけざるを得ません。この際には、最近の「ローカル５Ｇ」のような新しいシステムやツールを活用した大幅な生産性向上も検討に値するでしょう。

その上で製造を支える各種ユーティリティ系エネルギーである照明、空調、圧縮エアー、蒸気、温水など、工場にはさまざまなエネルギー消費機器が存在します。これらの機器類を導入後の経過年数をチェックしながら、15年以上経過しているものについては、早急に更新を計画、予算化、実行へと進めるべきです。また、このあたりのユーティリティ一式を効果保証ができる業者へアウトソーシングするという思い切った戦術も有効かもしれません。

さらにこの機器更新については、２０５０年までにはもう一度更新時期がやってくるという前提で進めるべきでしょうが、その中で空調システムについては、業務系の場合と同様の燃料転換の判断が必要となります。さらに工場の場合は、蒸気や温水のような熱需要が大きくある場合があり、その熱需要をどう脱炭素化していくかというのが極めて重要になります。

ある程度温水などの低温の熱需要であれば、化石燃料系のボイラー等で賄っていたものを電力による高効率ヒートポンプ方式に燃料転換更新することが望まれます。その理由は業務系施設の空調需要で述べたことと同様です。問題は高温の熱需要の場合で、一般のヒートポンプでは対応できない場合です。この分野については、近未来的には高温対応で高効率なヒートポンプ等の技術開発が期待されるところですので、もう少し様子を見つつ、現状の機器が15年以上経過し、ある程度劣化しているものであれば、エネルギー源が化石燃料であっても高効率のものに更新するという判断があっても良いでしょう。しかしながら、いずれは電化に転換しておいた方が脱炭素化には適していると理解してください。

工場というのは、時々の消費者ニーズによって、その製造するもの自体が大きく影響を受けることから、なかなか長期的な設備投資の経営判断が難しいですが、その判断の有効な指標として、前述した「エネルギー生産性（ＥＰ）」による定点観測データが役立つことでしょう。また、このエネルギー生産性は、炭素生産性（ＣＰ）とも直結する指標であり、最低でも月次ベースでのエネルギー生産性や炭素生産性を確認しながら脱炭素化への投資判断をしていくことが可能になります。

再エネ電力の調達戦略と戦術

これまでの本書における論述は、筆者のビジネス経験に基づいていることからもエネルギーの需要側の話に傾斜してきましたが、やはり脱炭素経営を進めていく上では、再生可能エネルギー（再エネ）電力の調達についても賢く戦略的に進める必要がありますので、そのあたりも少し詳細に説明していきます。

再エネ電力を調達するには、現時点で大きく分けて３つの方法があります。それぞれに特徴がありますので、それらをよく理解した上で脱炭素化計画に折り込むべきです。

第一に電力会社の再エネメニューを選択し、そこから購入するという方法です。

２０１６年４月から電力の小売全面自由化が始まりました。すべての需要家が自由に電力会社を選べることで、電力調達の主役が通常の商品やサービス購入と同様にユーザー側に代わりました。企業としての電力購入も、電力ユーザーとして他の調達品と同様に電気という商品を調達するという発想になります。企業が脱炭素化を進める上で、自ら使う電気によって間接的にＣＯ２を排出することになり、その排出量をゼロにしていくためには、できるだけ排出係数（ｔ－ＣＯ２／ｋＷｈ）の小さい電力を購入していくことです。電力会社からの購入手続きをするだけですので、最も簡易な方法ですが、購入コストがどうなるかは今後の再エネ電力の需給動向にも左右されなかなか特定できません。ＣＯ２排出係数の低い電力は、将来的には需要が増大することで少しずつ高くなっていくというのが大方の見方ではありますが。また、対外的なアピールという視点からは、最も安易であるが故に、環境ＰＲやＣＳＲ（企業の社会的責任）的にはあまり高い評価は期待できないでしょう。また、排出係数ゼロを売りにする電力会社、特に新電力であっても、果たして供給面での価格も含めた安定性があるかどうかをチェックしておくべきところです。さらに最近は、電源自体の属性も問題になってきたようです。つまり、購入する電気の源が再エネ電源であっても、その電源が新たに建設されたものなのか、あるいは古くからある例えば水力発電のような電源なのかによって、評価が異なってくるということです。このことを再エネ調達における「追加性」と呼ぶそうですが、当然、新しい電源は評価が高くなります。昨今のコロナ禍における巣篭もり需要による電力消費量の増大と２０２０年末から２０２１年の年初に向けて異常に寒い日が続いたこととの両方の要因が重なったことにより、電力取引所（ＪＥＰＸ）のスポット電力価格が高騰したことはご存知でしょうが、それによって自前の電源の保有比率が低い新電力は一気に苦しい経営状態に陥っているようです。電力会社から排出係数ゼロの電気を購入する契約を締結する場合には、このあたりの電力特有の問題・課題にも精通しておく必要があります。このあたりは、できるだけ中立的なコンサルタントを活用すると良いかもしれません。

第二に環境価値証書を購入するという方法です。

この環境価値証書には、古くからグリーン電力証書やＪ－クレジットがあり、最近では非化石証書というものもあって、国内ではこの3種類となります。それぞれに特徴があり、コスト的にもさまざまですが、供給可能量の制約もあり、かつ証書購入だけでという「金で解決しているだけ」的な見方をされることも覚悟する必要があるでしょう。ここでも証書のもとになる環境価値を生み出している電源の追加性も考慮・確認する必要があります。そこはある程度は割り切って調達証書の種別や調達先の選定から実際の購入まで、計画的に進めたいものです。この証書によるCO2排出のオフセット手法は、企業としてはいつでも使えるように実際に購入するかどうかは別として、普段から数社の調達候補先と信頼関係を構築しておくことを推奨します。

第三に企業自らが再エネ電源に積極的に関与していく方法です。

こちらがある意味最も正当的で、かつうまくやればコスト的にもメリットが出せる手法ですので、企業としてはぜひとも社内横断プロジェクトとして再エネ電源への関与の仕方の検討を進めるべきです。

この再エネ電源へのアプローチ手法は大きく分けると2通りが考えられます。まずは自らの施設での自家発電とするケースです。太陽光発電の場合は、屋根の活用が一般的ですが、最近では屋外駐車場の屋根代わりに太陽光パネル付きのカーポート、ソーラーカーポートもあるようです。風力発電やバイオマス発電を自らの施設へ直接供給する自家発電とするためには、相当な空き敷地がないと難しいので、あまり現実的ではないかもしれません。また、この方法を進める場合に、自らの資金やリース契約での自己投資による場合と、第三者に屋根等を無償または有償で貸与してそこで発電代行をしてもらい発電した分だけの電気を購入する場合（TPO：Third Party Ownership）がありますが、どちらにしても発電した電気を自らの施設で直接使用することが前提になります。この自家消費手法の最大のメリットは、電力会社からの系統経由での購入時には支払う必要がある再エネ賦課金と託送料が不要になり、うまく計画すれば電力会社から購入するよりも安価な電気を調達できることになり、CO2の削減のみならず電力コストの削減にもつなげることができ、一挙両得な優れた手法となります。

もう一つの方法は、最近出始めた敷地外（オフサイト）に再エネ発電を建設し、電力会社の送電網の借料なる託送料を支払って自社の施設へ供給するというモデルです。これをコーポレートPPAと呼びます。PPAとはPower Purchase Agreement（電力供給契約）の略です。自らがSPC（特別目的会社）等の発電会社を設立して自らの施設にPPA契約によって供給することや第三者に発電を委託して、PPA契約によって自社施設へ供給してもらうスキーム等があります。この場合は自社施設の敷地とは切り離れた場所での発電であり、敷地の制約はなくなりますが、購入電力料金への託送料や再エネ賦課金の加算が発生し、その分経済性は厳しくなります。今後、自社や自社のサプライチェーンも含めた関連会社全体の脱炭素化を進めるためには、かなり大量のＣＯ２フリー電力が必要になりますが、そのような場合にはコーポレートＰＰＡモデルは有効になるでしょう。このコーポレートＰＰＡは、再エネの調達方法としては、今後、最も効果が高いものになりますが、契約内容が複雑になることから、まだ実施例は少なく、対応できる事業者も限定的な状況です。また、制度自体も未整備なところも多々あり、さらなる普及のためには今後の政策的な支援も必要になるでしょう。ただし、このモデルも具体的なスキームによる事業性検討だけは、早期に進めておきたいものです。

再エネ調達における留意点

省エネルギー・エネルギー効率化と比較して、経営者にとって再生可能エネルギーへの投資判断は、一見分かりやすく対外的にもアピールがしやすいと思われがちですが、２０５０年までのカーボンニュートラル達成に向けた本格的な脱炭素経営を目指すためには、もう少し時間軸も考慮した脱炭素化実行計画の下に賢く進めてほしいところです。

前述したように再エネ調達にはいくつかの手法があり、それらの手法をよく理解した上で、２０３０年、２０４０年、２０５０年と時間軸と脱炭素化度を考慮したスケジューリングが重要です。その意味では、最初に経営者として真剣に検討すべきことは、まずは自らの施設への再エネ自家消費用発電システムの導入検討です。その導入に際しては、自己資金なのか、第三者に代行してもらうのかなど、リスクとリターンを考慮して判断していくべきでしょう。

環境価値証書の調達や電力会社からの直接購入については、調達量についての供給継続性や価格安定性などを早めに見極めて、あらかじめ調達先等を押さえておくことなども必要かもしれません。この種の商品購入としての手法は、必ずしも欲しい時に欲しい価格と量が確保できるかどうかは分かりませんので、その点の留意は再エネ調達における重要な視点の一つとなります。

いずれにしても、再エネ調達も含めた脱炭素経営の主眼は、その進展によって自らの企業価値の向上に資するものであるかどうかの価値判断基準が重要になりますので、企業内で専門的に進める責任を持たせたプロジェクトチームを組成し、適宜、経営陣へ上申するような社内体制が有効になるでしょう。

もう一つ再エネ電源に関して、重要な問題があります。電気というエネルギーは、目に見える色も、鼻で感じる匂いもなく、どの電気が再エネ電気なのかどうかは、電力メーターだけの計測では分かりません。

今後、企業が脱炭素経営推進の一環として再エネ調達をしていくことは必須の処方箋ではありますので、その調達が本当に再生可能エネルギー由来のものであるかどうかを対外的に明確に説明・証明していく必要性が出てくるでしょう。

例えば、自社施設の屋根上に太陽光発電システムを設置し、そこから出てくる電気を自らの施設で使ったとしても、その発電量をどう証明していくか。あるいは、外部の電力会社から再エネ電気を購入するとしても、前述したコーポレートＰＰＡとして調達するとしても、一度、送電線に入った電気はさまざまな電源から入ってくる電気と混ざってしまい、物理的に再エネ電源だけからの電気を得ることはできません。

最近、上記のような今使っている電気がどの電源から出てきたものかをはっきりさせる技術として、ブロックチェーン技術を活用することで、原産地証明をする動きが出始めております。このあたりのデータ類も企業サイドで効率的・効果的に把握、管理ができ、社内的にも対外的にも明確なアピールができるようなエネルギー管理システム（ＥｎＭＳ）が必須となります。この種のインフラ投資は、脱炭素経営へ転換するための必須要件として、経営者がしっかり認識する必要があります。

なお、このＥｎＭＳについては、次章にて詳しく説明します。

第六章　データドリブン脱炭素経営へ

ＤＸによる現場の人的対応への高依存度からの脱却

筆者は今いろいろな業種の現場へ省エネルギー・エネルギー効率化を進めるための営業に訪れますが、その際にいつも問題だと感じるのは、現場における生産量、エネルギー・水などの使用量、廃棄物の排出量など、日々のデータ管理がほとんど人的な対応に任されていることの非効率さです。また、それぞれのデータ類もアナログ的に目視したものをエクセルシートへ入力するなど、最初からデジタル化していないことも多々目にします。さらには、デジタル化されているデータ類であっても、そのデータが一元的なシステムで管理されておらず、生産量、電気、ガス、水、廃棄物など、それぞれのデータを管理する個別のシステムが存在し、システム同士のデータ互換性がないことも散見されます。

また大規模のビルなどでは、中央監視室にはさまざまなデータが集まってきておりますが、そこに常駐する人が日報や月報などの報告書をプリントアウトしてファイルしていることが一般的です。せっかく初期投資をかけて省エネ対応ビルを建設したとしても、その後の施設運用データ類をアナログ的にファイリングだけしていたのでは、せっかくのデータ類が省エネビルの能力を活かす最適運転調整に活用されることはなく、結果として建設会社や計装会社が初期設定したままでビルが運用管理されていることになります。

いずれにしても、大規模な施設の運用管理は、大半は人的に大きく依存した状態が続いており、そこではせっかく収集したデータ類もほとんど活用されないままに放置されているところがほとんどです。常時、管理する人がいない中小規模の施設に至っては、データ収集すら行っていません。

この各種データ類を取り扱う現状にも、かつては日本企業の強みでもあった現場力と言われる現場における職人的で属人的な対応の名残があるようです。まず、この状態をなんとかして改善していかないと、これ以上前に進めることができないのではないかと悲観的になってしまいます。

以上のように筆者自身が営業現場等を回った時に直感的に感じたことは「日本企業は本当のＤＸのレベルにはほど遠い状態である」というものですが、経済産業省が主催している「デジタルトランスフォーメーションの加速に向けた研究会」が２０２０年末の12月28日に「中間とりまとめ」として発表した「ＤＸレポート２」の冒頭において次のように記されており、我が意を強くした次第です。

「独立行政法人情報処理推進機構（ＩＰＡ）がＤＸ推進指標の自己診断結果を収集

し、2020年10月時点での企業約500社におけるDX推進への取り組み状況を分析した結果、実に全体の9割以上の企業がDXにまったく取り組めていない（DX未着手企業）レベルか、散発的な実施に留まっている（DX途上企業）状況であることが明らかになった。自己診断に至っていない企業が背後に数多く存在することを考えると、わが国企業全体におけるDXへの取り組みはまったく不十分なレベルにあると認識せざるを得ない。」

このような日本企業における現場でのDXの遅れは、単に現場作業をデジタル化するためのシステムを導入すれば解決するという単純な問題ではありません。要はさまざまなデータ類を精緻に分析し、会社としての新しいイノベーションに対して有効に利活用する組織・会社としての仕組みができていないということであり、まさにデジタル技術による会社組織や事業構造・ビジネスモデルの変革というデジタルトランスフォーメーション（DX）にはほど遠いということです。脱炭素経営を目指す経営者は、まさに日本社会のみならず日本企業、自社にはDXの遅れがあるというまずこの現状認識からスタートすべきです。その上で、脱炭素経営への転換という明確な命題の実行とともに、DXを同時並行的に進める必要があります。

日本企業におけるDXの推進は、日本企業における脱炭素経営への転換の必要十分条件であり、その遠大な課題に対して、まずは一歩踏み出すことが重要であり、それにはデジタル化した各種データの融合、統合、一元管理が求められているのです。

脱炭素経営に必須の「体重計」としてのＥｎＭＳとは

　では、まず何から始めて、日本企業はこのＤＸの遅れから脱却していけば良いのでしょうか。

　筆者は、第4章にてＥＰ１００イニシアチブの要件の一つでもある「全社的な統合エネルギー管理システム（ＥｎＭＳ：Energy Management System）の導入をすること」を推奨しましたが、このＥｎＭＳ導入は、ＥＰ１００宣言へのチャレンジ企業のみならず、脱炭素経営を標榜する企業には必須の社内インフラとなります。

　ここでは導入が望ましいＥｎＭＳとはどういうシステムであるべきか、筆者の基本的な考えを示しておきます。

　第一に、このＥｎＭＳは対象となる事業所における全体のエネルギー消費量とともに、そのエネルギー消費の元となる各機器類のエネルギー消費量をできるだけ細かく把握できることが望ましいものです。また、生産量などエネルギー消費の結果であるアウトプットしての情報や温湿度やCO_2濃度など施設環境の諸データも取り込みたいデータとなります。水の使用量や廃棄物等の排出量なども自動取込ができるのであれば、設定しておきたいところです。さらには、可能であればその時々の気象データのような外部環境からのデータも取り込んでおけば、分析等の時に有用になります。ＥｎＭＳは、これらの各種のあらゆるデータ類を取り込み、記録するとともに分析、演算等を行い、機器類の状態監視や自動制御にも活用することができます。月次、四半期ごとなど定期的なレポートも自動作成するように設定しておくと便利です。くれぐれもレポート作成に少しでも貴重な人手をかけるような非効率な作業は無くすことを大前提としてください。

第二に、ＥｎＭＳへデータを取り込むためにはなんらかの計測器類が必要になりますが、この計測器の選定に際してはメーカーフリーを原則としてください。もし既存設備に付随している計測器等がある場合、または中央監視装置などすでに導入されているシステムがある場合は、それらもできる限り活用できるように、そこから必要なデータ類を取り込めるように設計・設定することが初期投資を抑える意味でも有効になります。さらに将来的なシステムのバージョンアップ対応にも柔軟に、かつ低廉に対応できるようなオープンプラットフォーム的な基本コンセプトで当初からＥｎＭＳ設計を進めるべきです。ここは重要なポイントとなりますので、経営者がしっかり基本コンセプトづくりには関わって、ＩＴ部門のみならず、顧客や市場と接点のあるビジネス部門や実際に商品を製造する部門なども巻き込んだ全社的な社内プロジェクトとして推進してください。

第三に、ＥｎＭＳがデータ類を取り込み対象とする施設は、最終的にはすべての拠点、事業所、もちろん国内のみならず海外拠点も含めて、連結決算対象となるグループ全体からのデータ類を取り込む前提での設計を進めるべきです。さらに、将来的には、グループ外も視野に入れ、なんらかの取引のあるサプライヤーとのデータによるつながりも考慮してください。また、自らの商品・サービスを購入してくれる顧客（中間取引業者も含む）経由の購買データについても、可能な限り取得し融合できることも考えたいです。

この統合管理システムのデータ類の蓄積方法ですが、拠点ごとにサーバーを設定して一旦蓄積するのか、クラウドサーバーのみに集中的に蓄積するかですが、今後はこれらのハイブリッド型によるデータ蓄積が望ましいと筆者は考えます。つまり、すべてのデータ類をクラウドに集約するのではなく、拠点のみでの分析や制御等のように事業所内で活用されるデータ類は、拠点のサーバー蓄積だけで十分であり、本社等で統合的に管理すべき分析用等のデータ類のみをクラウドへ集約させることが良いでしょう。サプライヤーや顧客からのデータ類も自社の拠点クラスと同等程度に扱えるようなシステムの柔軟性が必要です。

いずれにしても、この拠点サーバーとクラウドサーバーとが一体的にシステム管理されることが必須であり、時々のシステムバージョンアップに迅速かつ柔軟に一元的に対応できることが重要になります。

最後に、こうしてクラウドへ集約されたデータ類をどう活用していくか、これが脱炭素経営の各種判断に迅速に対応できるようにすることが最重要であり、そのためにはデータ管理、分析のための専門的な社内チームを組織化することが望ましいでしょう。そのチームには、社内人材として有能なデータサイエンティストが必須であり、場合によっては、より効率的にデータ管理を進めるためにエネマネ事業者[1]のような外部専門家の活用を考えても良いかもしれません。

このデータサイエンティストは、これからの時代に大いに嘱望される専門的職能であり、その役割はさまざまな意思決定の局面において、データに基づいて合理的な判断を行えるように意思決定者をサポートすることです。統計解析やＩＴスキルに加えて、ビジネスや市場トレンドなど幅広い知識が求められます。

いずれにしても、この全社統合的ＥｎＭＳは「現場と経営をデータでつなぐ」という脱炭素経営の基本ツールとして、優先的かつ継続的に投資を続けていくことです。同時に、経営者が脱炭素化に向けて的確な経営判断をサポートできるデータサイエンティストの育成、または人材投資も必要になります。

このデータサイエンティストが拠り所とする学問分野は、データサイエンスという領域ですが、まだ黎明期を迎えたばかりであり、まさにこれからの新しい分野となります。日本における大学教育でも、データサイエンスを扱う学部は、まだ日本全国でも数校しかありません。

ここで筆者の考えるデータサイエンスについて、説明しておきます。

この分野は、単純にデータを処理・分析し、それを分かりやすくレポートするという数理・統計学だけではなく、現場におけるさまざまなデータ類をデジタルデータとして収集し、それを分析に適したデータベースとして整理・格納することです。ここでは情報通信・工学的・エンジニアリング的な視点・能力が必要になります。さらに、分析された結果から、その結果が持つ人間社会における意味と価値を導き出すという経営学や社会学的な知見も必要になります。つまり、工学、エンジニア

図表15 データサイエンスの全体像

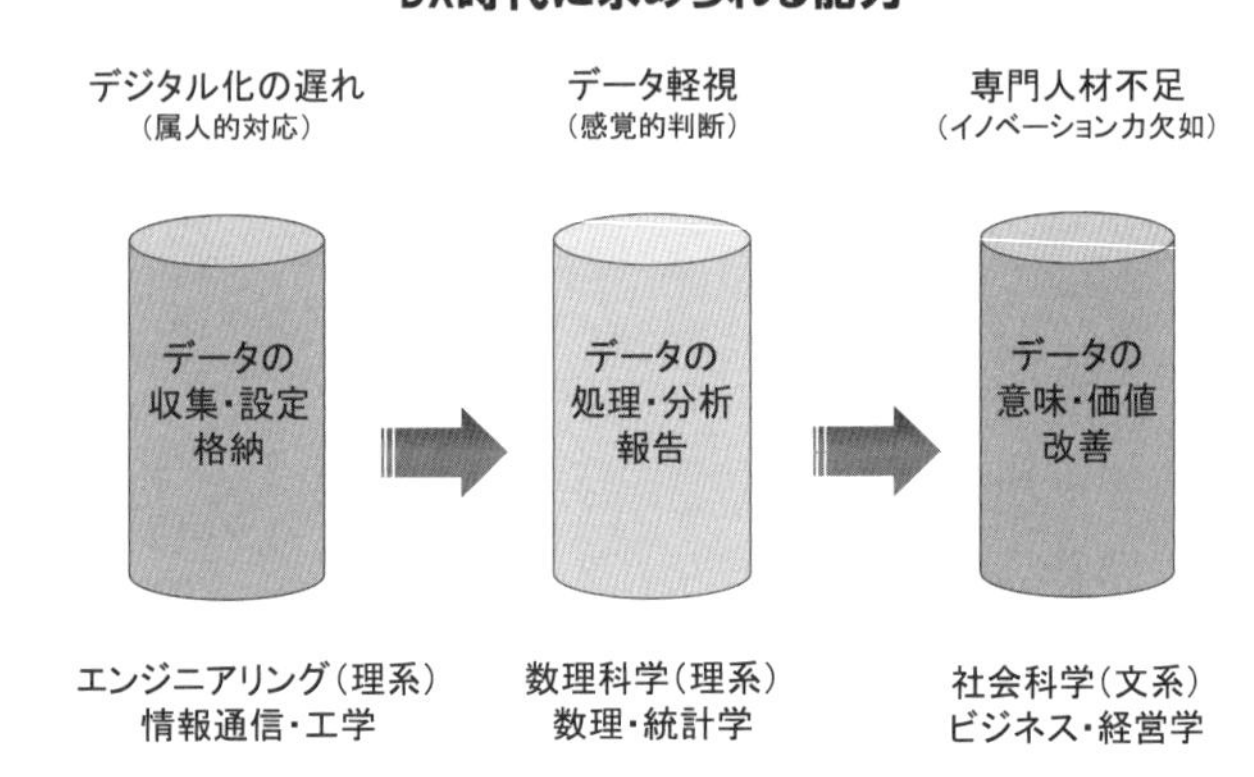

出所：筆者作成

リング、数理科学、社会科学という日本的な学問分野でよく使われる「理系」と「文系」を併せ持った学際的な学問分野であると考えます(図表15参照)。

今後、国として本腰を入れて脱炭素・カーボンニュートラル達成を目指す必要があるので、データサイエンスの基礎知識を身につけたデータサイエンティストの養成が必須となることから、国としてもこの新しい教育分野への力点を置くことと予算配分がなされることを期待します。

以下に取集したデータ類を脱炭素経営の推進に、かつ具体的な脱炭素化にどう活用するかのアイデアや事例を紹介します。

オンサイトでの収集データをどう使うか?

ここまで説明した脱炭素経営の成否は、データの収集・分析・投資判断・効果検証と続くプロセスをいかに迅速かつ確実に回していけるかですが、そのようにデータ主体で脱炭素経営を進めることを「データドリブン脱炭素経営」と名づけたい。その基礎となるのが、前述したＥｎＭＳとなりますので、その具体的な導入事例を紹介します。

まずは、このコロナ禍という厳しい社会・ビジネス環境の中であっても、積極的に大規模事業所全体へのＥｎＭＳ導入を推進している某大手日用品製造会社の設備管理責任者からのＥｎＭＳ導入に関するヒアリング概要を紹介します。

この場合の対象工場は、工場棟が10棟ほどもあるかなり大規模で広い敷地にあり、およそ２０００人が日々働いているところです。この企業の工場は、ここ以外にも全国に５カ所ほどあり、またインバウンド需要対応や海外輸出用にと来春竣工予定の新工場も建設中です。また、海外にも研究拠点や製造工場を数十カ所保有しているグローバル企業です。

今回、社内での先導的モデル工場として、この管理責任者が勤務している工場へＥｎＭＳを導入していただきつつありますが、どのように導入稟議を上げ、どのようなロジックで経営層を説得したかなどをヒアリングしてみました。

その時の管理責任者の生の答えが、以下のとおりとなります。

「当工場におけるＥｎＭＳ導入の主目的は、まずエネルギー量の見える化を最優先とした。できるだけ詳細な計測をすれば、それなりにはっきりと製造の実態が正確に把握でき、今後のエネルギー管理に役立つはずである」

「今までに導入されていたシステムは、データ収集に関して、設備管理がほしい詳細な分析や効果検証に柔軟に対応できなく、結局あまり使われないで放置されていた。そのシステムバージョンアップも、そのメーカーに相談したら随分と高額の見積もりが来たので、そこからの調達は断念した」

「今回の第一段の詳細なＥｎＭＳ導入で明らかになったことは、さまざまなムダ・ムリ・ムラ（３Ｍ）が明らかになったこと。その箇所の運用・運転方法を改良すれば、追加の投資なしで削減効果が確実に出せる。ある意味、設備更新よりも確実に削減を出すことができる」

「今後の検討課題として、３Ｍの明確化が工場における設備機器類の予知保全にも活用できるのではないか、さらには最終商品の品質管理にも活かすことを検証していく」

「さらにＥｎＭＳにより詳細なデータ収集ができたので、生産量などの製造関連データと統合して分析すると、製品の１個１個の製造原価も明確になってくるはず。この製造原価管理は工場の重要管理事項（ＫＰＩ）でもあり、分析結果から製造原価の低減へとつなげることも考えていきたい」

「今回の運用改善で、年間換算で数千万円の電気代削減にもなる。この効果を経営層に大いにアピールして、今回の電気エネルギーのみを対象としたＥｎＭＳに加えて、水、蒸気、圧縮エアなどさらなるデータ収集用のＥｎＭＳ導入への投資稟議も上げる予定であり、それらのデータを活用してさらに詳細な分析による運用改善を進めたい」

「今後は、この工場でのＥｎＭＳ導入によるさまざまな効果を他の工場へも展開するようにと経営層からも指示されており、そのためのエンジニアリング検討会も設置された。工場の設備管理者が詳細なデータの分析結果を持ち寄って一堂に会することは、今までになかったこと。これもＥｎＭＳ導入により詳細なエネルギーデータを収集し、分析し、削減結果を導き出した副次的な効果でもある」

以上のようなさまざまなＥｎＭＳ導入による相乗効果について、将来的な期待値も含めた生の声をヒアリングすることができました。

ヒアリングに出てきたキーワードを整理すると、以下のようになります。

ＥｎＭＳ導入による効果は、

・詳細な見える化による３Ｍ（ムダ・ムリ・ムラ）の発掘
・ムダの運用改善による投資ゼロでの削減効果
・分析や効果検証に柔軟対応できるシステム
・電気代を年次換算で数千万円削減予定
・３Ｍの発掘による設備機器類の予知保全に活用
・個別製品の詳細な製造原価管理による原価低減
・他工場への説得力ある横展開　　など

ということになり、単純な電気代の削減による単純投資回収年数の概念を超えた価値を生み出す投資であったことが読者にも理解いただけるのではないでしょうか。

このヒアリングで指摘されたＥｎＭＳ導入の効果の一つに、設備機器類の予知保全というテーマ・効果が出ましたが、この領域もＥｎＭＳ導入の派生的なメリット・活用事例として、今後注目したいところです。

この予知保全とは、どういうものか。工場内の機械や設備の不具合や故障を事前に「予知」し、機械や設備を監視しつつ最適な状態に管理することです。よく比較される「予防保全」という言葉がありますが、この2つは似て非なるものです。予防保全は、機器のメーカーや工場担当者自身の経験から、「ここまで使ったら壊れる可能性がある」とされる使用回数や時間をあらかじめ決めて、その時が来たら壊れていなくても部品交換やメンテナンスをするというものです。それに対して、予知保全は設備機器類から取得しているデータから、「壊れそう」という兆候が出た段階で部品交換やメンテナンスをするというものです。どちらもあまり違いがないように感じるかもしれませんが、実は大きな違いがあります。予防保全の場合は、偶然部品の調子が悪かったりすると、交換タイミングよりも前であっても壊れてしまうケースも出てきます。それに対して、予知保全はあくまで対象となる設備機器類が出しているデータ類を見て故障が起こるかどうかを判断するというもので、より設備機器類を効率よく長く使うことができ、予知保全の方がメンテナンス手法としては価値が高くなります。ただし、この取得データから故障がありそうだと判断することが難しい問題であり、ここに最新のＡＩ（Artificial Intelligence）技術を活用するという手法が今後の主流になってくるでしょう。このヒアリング事例の工場では、今後、こうしたＡＩ技術活用の予知保全の可能性にも、導入したＥｎＭＳからのデータを活用して検討していく予定です。

さらに、ＥｎＭＳ導入データのオンサイト活用事例には、今回のヒアリングによって出された効果のみならず、筆者の別の顧客においては、計測したデータ類をｉＰａｄのようなタブレットでリアルタイム状態監視ができるように設定し、そこから空調機、換気装置、冷凍機等の各種機器類を適正に制御する指令を送ったり、設定値を変更したりなど、さまざまな自動制御に活用している事例もあります。

さらには高感度カメラ等の映像データも製品の品質管理には有用になるでしょう。ただし、映像データとなるとデータ容量も大きくなり、まだ現時点のＷｉＦｉをベースとした通信では速度的に物足りなく、次世代の５Ｇの普及に期待することになります。最近では工場サイト内だけでの通信容量と速度をアップできる「ローカル５Ｇ」という概念も出始めており、そうなればＥｎＭＳに取り込んだ映像データもなんなく活用できることになるでしょう。

このあたりのデジタル技術の開発は驚くべきスピードで進んでおり、従前とは比較にならないぐらい「安く・速く・巧く」多様なデータを活用することができるようになりました。こうしたデータドリブンな先進的であり、かつ汎用的なデジタル技術を自社のビジネスの効率化とともに、新しい事業展開としてイノベーションへと活用しない手はないのではないでしょうか。

オフサイトでの収集データをどう使うか？

オンサイトでの詳細に収集したデータがすべてオフサイトであるクラウドに蓄積される必要はまったくありません。クラウドに集めるデータは、主に工場管理者や本社の経営陣が日々の経営管理に活用できるものだけで十分です。

それでもこうしたクラウド上のデータ類は、エネルギーデータだけであってもビッグデータとなり、ＡＩやＢＩ（Business Intelligence）ツール等を活用した包括的、定点的、かつ継続的な分析とレポーティングが可能になります。

このデータ分析において重要なことは、エネルギー関連データ以外の他のデータ類との融合や統合も図ることです。工場現場においては、生産量や調達量などの製造関連データはもちろんのこと、売上や原価などの経理・会計等の勘定系データとも統合して分析が自由にできるような環境を設定したいものです。このためには何も新たにシステム導入をする必要はありません。このような場合では、むしろ異なったシステム間をつなぐことができるＡＰＩ（アプリケーション・プログラミング・インターフェース）という考え方が必須となります。

さらに、通常の本社の経営企画サイドが関与する管理会計上のデータ類は、経営陣の最も関心が高いものであり、このデータに現場から上がってきたエネルギー関連データや工場ごとのエネルギー生産性や炭素生産性の指標と統合した分析をすることで、全社的なエネルギー生産性の向上や脱炭素化に向けた動きをできるだけリアルタイムに把握することができるようになります。

経営者が正しく迅速な経営判断をするためにも、できる限りリアルタイムな情報が上がってくることが望ましく、そのためにも全社的にデジタル化したデータがリアルタイムに集約するシステム構築が必須となり、そこには真っ先に投資すべきです。ただし、一度にどこかのベンダーに委託して一気にシステム化することは、コストばかりがかかりあまり得策ではありませんし、多額のお金をかけて導入したシステムがうまく使えないということもよく起こりうることです。むしろ、前項でヒアリングとして紹介した企業のように、まずはモデル工場を設定して、そこでの現場の要請に即した成功事例づくりと小さくても確実な成果と結果を出してから、それを工場全体、全国の多拠点、さらには海外事業所へ展開していくという手順を踏んだ方が、急がば回れですが、投資額を抑制しつつ、結果として長く使えるものを導入することが可能になります。

工場間のパフォーマンス、効率性を比較したい。工場間を超えて製造ラインごとの生産性もチェックしたい。市場の要望が多様化するビジネス環境下では、顧客の要請が高いであろう新しい商品をどこで製造するかは、競争の激しい今日では迅速な経営判断が求められます。日頃から自社の保有する工場ごとの、時にはサプライチェーンの工場も含んだ製造コスト面での特徴や特質を各種データによって正確に把握しているからこそ、適切で迅速な経営判断ができるというものではないでしょうか。これこそが、データドリブン経営の目指すべきゴールです。

ＥｎＭＳ×ブロックチェーン技術によるカーボントレーサビリティ

ここから、データドリブン脱炭素経営の体重計であるＥｎＭＳのさらなる効用について説明します。温室効果ガス排出量を正確に知ることは、脱炭素社会の実現に向けた〝現在地〟を把握することであり、極めて根本的かつ重要なプロセスです。

ところが現状では、温室効果ガスの排出量削減の成果報告は、極めて曖昧な手法に依っています。例えば、日本では上場企業に対しては前述した省エネ法や環境省が主管する「地球温暖化対策の推進に関する法律（通称：温対法）」で温室効果ガスの排出量報告義務が課されていますが、その諸元となっているのは、電力・ガスといったエネルギーの消費量です。これらの消費量に、あらかじめ定められた係数を乗ずることで、その企業が排出したと見られる温室効果ガスの排出量を、擬似的に算定しているのです。しかし、これでは温室効果ガスの排出量を、正確に把握したとは言えないのではないでしょうか。例えば、電力について考えると、同じ1kWhという電力消費量であっても、それが何によって発電されたかといえば、電力会社の発電所や自前で設置している太陽光発電などの発電装置など、さまざまな発電方式が時々刻々と変化しているのが現状です。電力は「同時同量」と言われるように、常に発電量と消費量が一定であることが大原則だからです。

このような現状を打破するカギも、EnMS（エネルギーマネジメントシステム）にあります。EnMSによって、電力の消費側と供給側、双方のデータを突き合わせることができれば、ある瞬間に消費された電力が、どのような発電方式によって生み出されたものか、辿ることができます。また、発電方式が明らかであれば、発電に伴う温室効果ガスの排出量を算定することは容易です。つまり、ＥｎＭＳによって、ある時間の電力消費が、どれだけの温室効果ガスの排出量を生んでいるのかを追跡すること、すなわち「カーボントレーサビリティ」（炭素追跡性）が確保できるのです。

特に、製造業にとっては今後、ＥｎＭＳによるカーボントレーサビリティが重要になると考えます。なぜなら、カーボントレーサビリティの確保は、信頼性が高いカーボンフットプリントを、効率的に算定するための手段だからです。一例として、帝人では自社が製造するすべての部品に対して、排出する炭素量を算定して公開することを目指すとしています。同様の動きは世界的にも見られ、ドイツの化学メーカー・ＢＡＳＦでも、同様に製品ごとの温室効果ガス排出量を算定して、公開しています。企業の脱炭素経営への熱が高まるに従って、自社製品がいかに「脱炭素」的であるかが、新たな価値を生むような時代が到来するでしょう。自社の製品がそれぞれ、どれほどの温室効果ガス排出につながっているのか、引いてはどのようなプロセスによって温室効果ガス排出量を低減して製品を生み出せるのか、といったこれまでとは異なる視点からの検討を進めねばなりません。このような課題を解決するカギとして、ＥｎＭＳの果たす役割は、いま以上に大きなものと言えるでしょ

図表16 EnMSを核としたカーボントレーサビリティのイメージ

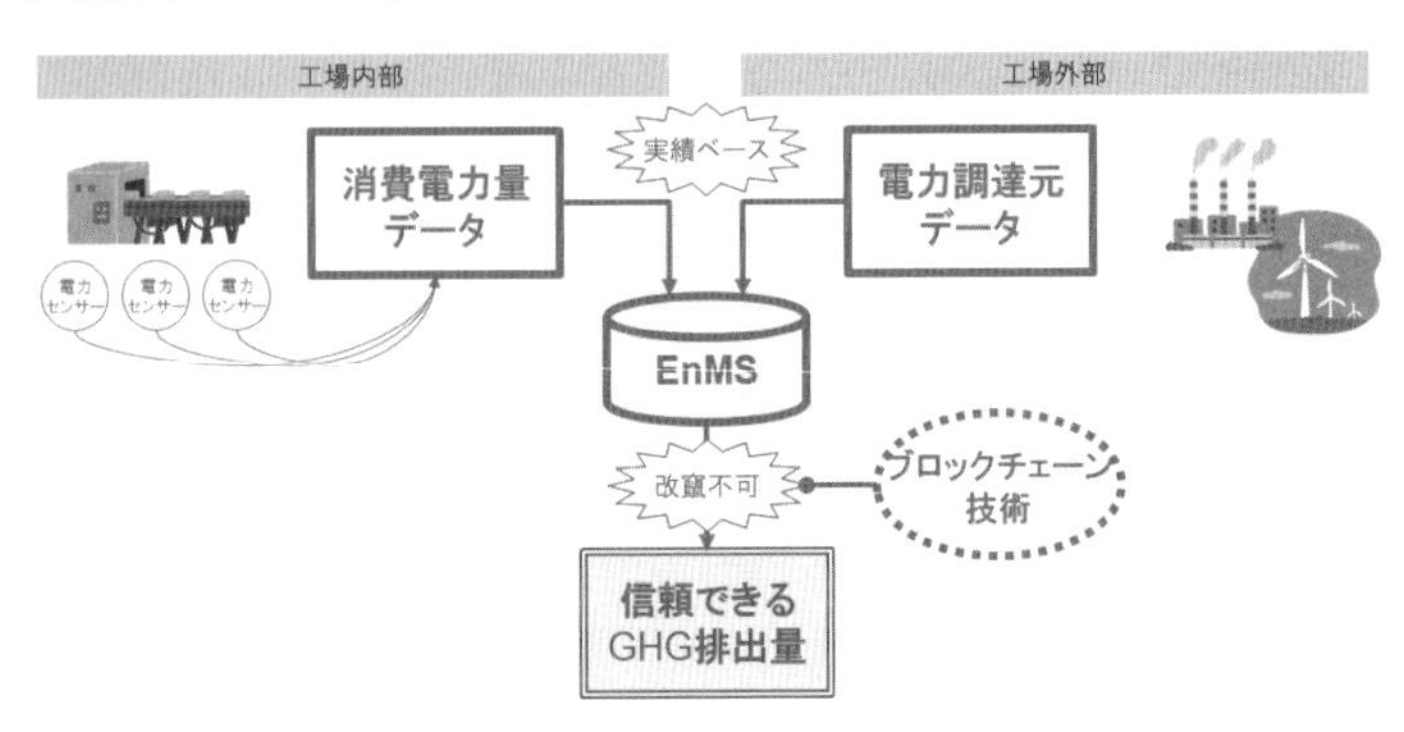

出所：筆者作成

う。

さらに、近年さまざまなシーンでの活用が進むブロックチェーン（分散台帳）技術を掛け合わせることで、信頼性の高いカーボントレーサビリティを確立することができます。ブロックチェーン技術はあらゆる取引に適用できる技術であり、取引に関する情報（台帳）を取引への参加者が所有しつつも、取引履歴の改竄を防ぐ技術です。従来はサーバーなど、取引を一元管理するための設備が必要だったところ、この管理機能を各参加者に委ねているのが特徴です。ブロックチェーン技術を採用した事例で、最も有名なのは「ビットコイン」に代表される仮想通貨ですが、ビットコインの売買データは原則すべての参加者が確認できるようになっており、その改竄は現状の技術では不可能と言われています。

ブロックチェーン技術を、ＥｎＭＳによるカーボントレーサビリティに採用することで、世界中の企業の、改竄のない正確な温室効果ガス排出状況を、世界中の誰もが確認することが可能になります。これこそが、「脱炭素社会」を実現するための、温室効果ガスの意図的な不正による「フリーライダー問題」を解決する画期的な策となるのではないでしょうか。

サステナブルファイナンスの実効性を高めるＥｎＭＳ

ここでデータドリブン脱炭素経営を円滑に、かつ迅速に進める上で、避けて通ることのできないお金の話をします。

近年、環境・社会課題の解決に使途を特定した資金調達、いわゆる「サステナブルファイナンス」が拡大しています。解決する課題の種類によって、環境はグリーン、社会はソーシャルと呼ばれ、資金調達の手法は債券（ボンド）や融資（ローン）、最近では新株予約権型ファイナンスやＩＰＯ（新規株式公開）などのエクイティ（自己資本、株式資本）に分類されます。調達資金額としては、全体に比べてまだまだ割合としては小さいものの、社会や市場に対するメッセージとして投資家からの注目が高まっています。

サステナブルファイナンスの特徴の一つは、課題解決（インパクト）の測定が必須であることです。資金調達の際に、資金調達の手法や金額とともに、その資金をどのような使途に充当し、その結果としてどのような課題解決効果につなげるかを、広く開示することが求められています。このように、単なる資金調達ではなく、環境や社会課題の解決を目的としていることを明確にすることで、投資家側としてはより環境あるいは社会課題の解決と結びつけて投資戦略を検討することが可能になるのです。

また、資金調達後には最低1年に一度、資金の調達額や充当状況、およびインパクトの創出状況を開示・報告する「レポーティング」の実施が求められていることも特徴です。こうすることで、資金調達時だけでなく、プロジェクトの遂行段階でも自らが想定したとおりにインパクトが創出されているかを、投資家側が確認することができます。

データドリブン脱炭素経営に必要不可欠なＥｎＭＳは、環境課題におけるインパクトを定量的にモニタリングすることができる、極めて有用なツールとなります。なぜなら、エネルギー使用量が逐次記録されていれば、再生可能エネルギーの導入量やエネルギー効率の改善などのインパクトを、定量的に把握することができるからです。ＥｎＭＳは、サステナブルファイナンスの実効性を高めるための重要なツールであると言えるでしょう。今後、ＥｎＭＳへの投資判断において、ぜひこのような視点も加味してほしいものです。

ＴＣＦＤ開示対応も推進するＥｎＭＳ

ＴＣＦＤとは、日本語で「気候関連財務情報開示タスクフォース」と呼ばれる、ＦＳＢ（金融安定理事会）が設置した作業部会の名称です。ＴＣＦＤが２０１７年に公開した最終報告書には、すべての企業を対象に、気候変動による財務的影響の分析・開示が推奨されています。日本では、２０１９年から毎年「ＴＣＦＤサミット」が開催されるなど、さまざまな企業で賛同・開示の動きが拡大しています。現在では、世界全体で約２０００社、日本だけでも４００社を超える企業や組織が、ＴＣＦＤ提言への賛同を表明しています。また、欧州ではＴＣＦＤ提言を、従来の会計報告に含めて義務化するような検討も始まっています。つまり、近い将来の決算発表には、売上高の増減などと併せて、温室効果ガスの排出量増減も開示される状況も、現実味を帯びてきているのです。

ＴＣＦＤ提言の特徴は、その経緯に遡ると「財務的影響」を示すことにあるといえます。すなわち、これまでは曖昧であった気候変動による影響を、財務的と単位を揃えることで、社外ステークホルダーにも分かりやすい情報とすることが目指されました。企業にとっての財務的影響とは、定量評価そのものであると考えます。つまり、「気候変動の影響によって〇〇円の損失が見込まれる」という開示内容が、端的にＴＣＦＤ提言が目指した内容であると言えるでしょう。しかしながら、現状で公開されているＴＣＦＤ提言に基づく開示内容には、多くは定量的・財務的影響にまでは言及せず、もっぱら定性的な分析に留まっているのが実情です。

そこで、ここでもＥｎＭＳの出番となります。ＥｎＭＳによるカーボントレーサビリティの確保は、温室効果ガスに関する報告制度の改善にも大きな意味を持ちます。気候変動による影響評価は、ＥｎＭＳによって現場のエネルギー使用量を確認することで、気候変動による影響も同じく定量的に示すことができるからです。

ＥｎＭＳの設置によって自社の温室効果ガスの排出量が自動的に計測・記録されて

いれば、その集計や分析に時間を要すること無く、対応することができるでしょう。TCFD提言を、単なる教科書とせず、脱炭素と生産性向上を同時に実現していることを定量的に示すためにも、生産現場へのEnMSの導入が拡大することが期待されます。

さらなるデータ融合・統合によるイノベーションを

市場環境の劇的な変化や国際競争が激化するなか、今、日本企業は大きな転換期を迎えています。時代が要請している脱炭素化を進める脱炭素経営を目指しながら、同時にいかに自らの事業成長につなげていくかという極めて難しい道を歩まねばなりません。

そのための最も不可欠なことは、「イノベーション」を継続的に生み出していくことに他ならないでしょう。これまでの論考の中で、日本企業は必ずしもこのイノベーションの創出に成功してきたとは言い難く、省エネルギー・エネルギー効率化分野での「絞り切った雑巾論」に象徴されるように、「脱炭素化の推進が企業の成長の足枷となる」という言い訳論から脱却できず、いたずらに2000年に入ってから20年余りの歳月を費やしてきました。

最近、いろいろな場面で活躍されている若き経営学者で、早稲田大学ビジネススクールの入山章栄教授が強調するイノベーション創出の鍵となるのは、「知の深化」と「知の探索」の両立であるとのことです。

この「知の深化」とは、現在収益を上げている事業領域において、さらに徹底的に深掘りをして、さらに収益性を高める努力のことであり、かつての日本企業が得意としていたところです。本項ではEP・CPを経営指標と掲げて、その改善を進めていくということを推奨しましたが、これなどは「知の深化」の分野につながるものでしょう。

ただし、入山氏も指摘するように、「知の深化」だけでは、変化の激しい市場のニーズに迅速に応えることは難しく、GAFAに象徴されるようなプラットフォーマーという業態にいいように使われてしまいます。この先、ものづくりを得意としてきた日本企業がプラットフォーマーと伍して戦っていくためには、何が必要かを必死に探る必要があります。

だからこそ、「知の深化」と同時に、「知の探索」が必要であり、従来の自社の事業領域に拘らず積極的に新しい「知」との出合いを求め、それらと自らの得意分野の「知」とを適宜組み合わせることで、新しいビジネスを生み出せる可能性が高まっていくことになるのです。

筆者は、この「知の探索」の必要性は認めるものの、では具体的に今の日本企業がこの分野をどう進めていけるかとなると、口で言うほど容易ではないと考えております。

そのためにも、まず日本企業はさまざまなデータに着目することが必要ではないでしょうか。「知の深化」は、自ら、あるいはグループ企業の各種事業所におけるデータ類で事足りるでしょうが、「知の探索」となると、自社のみならずさまざまなサプライヤー企業や究極は顧客そのもののデータへのアクセス・取得、そして活用も視野に入れるべきだと考えます。特に、実際に自社の商品やサービスを購入し使ってくれている顧客層からのデータをプラットフォーマーや中間のサービス事業者だけに握らせるのではなく、自らが積極的にそれらのデータを取得する努力をして、最終需要家と直接つながることを模索していく。その最終需要家のさまざまなデータと、自社の「知の深化」用データ類との融合、統合も視野に入れたＥｎＭＳというビジョンを掲げて、イノベーションの創出に向けて進めて行ってほしいものです。その場合は、ＥｎＭＳというよりも、ＤＭＳ（Data Management System）

と呼ぶべきかもしれません。

２０００年代に入ってからの頃でしょうか、カーボンフットプリント（炭素の足跡）、カーボンオフセット（炭素の排出の埋め合わせ）、カーボンラベリング（炭素排出の可視化）のような温室効果ガスの排出に絡んだ考え方が欧州を中心として出てきました。わが国でも２０００年の半ば頃から、環境省などが主導で研究会などが多数立ち上がり、それなりのブームになりましたが、東日本大震災時での原発事故などを経て、すっかりその機運が薄れてしまったようです。

２０５０年のカーボンニュートラル宣言は、再度、上記のようなカーボンに関する数値的な厳密性を持った取り扱いが復活してくると予想されますが、以前には今ほどのＩＴ技術やネット環境も充実しておらず、その算定や算出に結構人手を介し、手間がかかっていたこともも一つ普及が進まなかった理由かもしれません。しかし、これからの脱炭素経営の時代では、いち早くこうしたデータ類の取り扱いに長けた企業がカーボンニュートラル世代の顧客層には、より支持されることでしょう。

これこそが、筆者が日本企業の脱炭素社会へ漕ぎ出す「データドリブン脱炭素経営」の姿であり、自社グループの脱炭素化と自社グループ事業としての持続可能な成長を両立することができるのだと信じております。

データドリブン脱炭素経営に必要な人材をどうするか?

この章の最後として、データの取り扱いを中核とした脱炭素に向けた経営体制へ転換していくためには、それを担う優秀な人材が必須であり、そうした人材をどう確保し、どう育成・教育していくか、このあたりの人事戦略についても説明しておきます。

今後、会社全体のデジタル化によるＤＸによって、自社の事業所のみならず、グループ企業からサプライヤー企業まで、さらに自社の商品やサービスの最終需要家である顧客層からのデータまで、実にさまざまで大量のデータが集まってくるはずです。まずは、そのようにビッグデータを効率的に集めることができる仕組みを構築することが、遅くとも２０３０年までに到達しておきたいレベルです。もちろん、その間には可能な限り脱炭素化を推進する各種処方箋についての具体的な行動や投資決定もしていく必要がありますが、並行して集まってくるビッグデータをどう処理・分析していくか、そこからどのように脱炭素化への推進へとつなげていけるかが、２０５０年カーボンニュートラル時代に向けた企業としての収益力や競争力の源泉となることは間違いありません。

では、そうした重責を担う人材は、どうするべきかですが、はっきり言うと、なかなかこれまでの内部人材や新人採用者の再教育・育成では結果を出すのは難しいでしょう。やはり、最初からデータサイエンティストやデータアナリストとして、専門性を持った人材を途中入社の形で採用すべきです。

ただし、前項のデータサイエンスにおいて言及したように、問題なのは、そのような能力を期待できる有能な人材がそもそもこの国に存在するのか。あるいは、現時点ではプロフェッショナルではなくても、そういう職能レベルまでの成長を目指している人材を期待どおりのプロに成長させるだけの力量が企業側にあるのか。このあたりの現実をしっかり見つめて、その対処方針を策定し、地道に実行していくしか方法はないでしょう。やはり、この種の業務を外注などに任せるようでは、本当のデータドリブン経営の達成は難しくなります。

さらに言えば、脱炭素経営に向かうために好ましい人材像は、やはり標準的な資質としてデジタル世代であるべきです。つまり、生まれた時から、身近にスマホやＡＩがあり、それらを道具として使うことになんの障害もなく、同時に、むしろそのソフトウエアやアプリケーション自体をも、自分で作れるくらいのデジタルネイティブであるべきでしょう。

最近のコロナ禍において、日本の人事採用制度をこれまでの「メンバーシップ型」から、「ジョブ型」に転換すべきだという意見が強くなってきましたが、まさにこのＡＩ・データ関連のプロフェッショナルなどは、ジョブ型以外の採用基準では絶対に確保できない人材でしょう。また、これまでのように春先に大学卒業者の一斉採用では、なかなか有能なプロは確保できないでしょう。もっと広く世界に目を転じて、日本人に拘らず、採用活動を進めることも必須かもしれません。

つまり、コロナ禍前までの日本企業の標準的な人事制度や人材採用基準では、今議論しているデータドリブン脱炭素経営の構築に力を発揮してくれる人材を発掘し、自社の戦力とすることは難しいということを経営者が気づき、この点も早急に変革すべき経営課題と位置づけ、中長期的な基本方針のもとに人事戦略の転換を進めていくべきです。

つまり人材においても、単なる制度変更というような生ぬるい対応ではなく、今までの会社における人事を含めたあらゆる制度を根底から覆す覚悟が必要になり、このことはＤＸによる会社変革、所謂ＣＸ（コーポレートトランスフォーメーション）に他なりません。つまり、会社自体を従来の考え方に拘らず大転換を図っていくということです。それによる組織全体での痛みや軋みもあるでしょうが、それを乗り越えていくだけの信念と覚悟がデータドリブン経営を標榜するトップには求められます。

さらに、この経営の向かうべき方向は、脱炭素・カーボンニュートラルという、これまでの化石燃料の利活用を大前提としていた企業パラダイム（規範）を転換することにもなります。これこそが、2050年に向けDXからCX、そしてGX（グリーントランスフォーメーション）と成長・進化していく「データドリブン脱炭素経営」の模範企業となることでしょう。

1　エネマネ事業者とは、「省エネルギー投資促進に向けた支援補助金（先進的省エネルギー投資促進支援事業）」において、一般社団法人環境共創イニシアチブの指定した要件を満たすエネルギーマネジメントシステムを用いて、エネルギー管理支援サービスを提供する事業者のこと。

おわりに　～不退転の決意で「データドリブン脱炭素経営」を実現するためには～

企業とＳＤＧｓの関係

ここで、少しＳＤＧｓ（Sustainable Development Goals：持続可能な開発目標）に関して説明を加えておきます。２０１５年9月の国連サミットで採択されたＳＤＧｓは、国連加盟国１９３カ国が２０１６年から２０３０年の15年間で達成するために掲げた目標です。その目標には、17の大項目の目標と、それらを達成するための具体的な１６９のターゲットで構成されています。そして、17の目標は世界が直面している課題の解決に向けて設けられていますが、昨今の世界経済のグローバル化において国際機関や各国政府だけでの課題ではなく、企業が積極的に責任を果たすことが求められるようになってきました。特に、グローバルに事業を展開している企業は、今やＳＤＧｓを意識した、それ以上に自らの経営課題として取り入れた企業運営が必須になってきており、単なるＣＳＲの概念を超えた企業戦略そのものとしてＳＤＧｓに取り組み始めております。

そこでＳＤＧｓへの対応は、企業経営者にとってどこが魅力的なのでしょうか。筆者なりに以下の3点に整理してみました。

第一にＳＤＧｓの目標追求が自社の本業ビジネスの強化や拡大につながるのではないか、さらに新規の事業開発に展開できるのではないか。第二に優秀な人材確保のためにも、特に、ＡＩ・デジタルネイティブの若者に対する企業アピールにも有用であろう。第三にこれが株式上場している企業経営者にとっては一番でしょうが、金融界におけるＥＳＧ投資家へのアピールとしてＳＤＧｓの活用が最も分かり易く有用なツールである。つまり、これまでの投資家とのコミュニケーションは、もっぱら売上、利益などの財務情報を用いて行ってきましたが、ＥＳＧ投資家は、それ以外に企業の持続可能性（サステナビリティ）や強靭性（レジリエンス）を評価するようになっており、そのためには非財務情報開示としてＳＤＧｓを活用することがＥＳＧ投資家とのコミュニケーションを円滑にするということです。

以上のように、企業経営者にとってＳＤＧｓに取り組むことはいろいろなチャンスにつながり、むしろ取り組まないことがリスクになるという認識が広がりつつありますが、一方で企業の現場の意識レベルはどうでしょうか。

企業において、その企業の規模が大きければ大きいほど、いくら社長や経営陣が

ＳＤＧｓへの取り組みの重要性を謳っても、その方針を実際に実行する現場が動かなければどうしようもありません。

私自身が日々の営業活動で訪問させていただく現場の方々からたびたび耳にするのは、以下に示すような冷めた、かつ不安の声です。

「社長の言っているＳＤＧｓが自社の本業ビジネス強化とどう関係するか……今一よく理解できていない」

「ＳＤＧｓの追求により、社内イノベーションを起こし、新事業を立ち上げろと言われても……具体的にどうすれば良いか分からない」

「そもそもＳＤＧｓの17の目標、１６９のターゲットは幅が広すぎて……何から手をつけて良いか困っている」

このような戸惑いの声を聞くと、まだまだ現場の担当者に腹落ちしていないことが分かります。

そこで２０５０年カーボンニュートラルに向けた脱炭素経営を標榜する企業の経営者は、このＳＤＧｓへの対応をうまく脱炭素経営への転換のために活用するというのはどうでしょうか。つまり、２０３０年を達成ゴールとするＳＤＧｓへの対応を会社としての脱炭素経営に向けた最初の越えるべきハードルとして設定することにより、会社の変革（CX、そしてGXへ）を促進するということです。

脱炭素経営におけるSDGsの捉え方

では脱炭素経営を目指す企業にとって、SDGsの17の目標から最初のハードルをどう設定すれば良いでしょうか。

そのために以下の3つの視点を提示します。

第一にSDGsの目標とターゲットは、「攻めのSDGs」と「守りのSDGs」という2通りに分けることができます。攻めのSDGsとは、SDGsの追求を通じて、まさに企業内におけるイノベーションによる新規事業を立ち上げるということ。つまり、SDGsが提起している社会的な課題解決を自社の新事業として取り組んでいくことです。

一方、守りのSDGsは、SDGsの目標・ターゲットの中でも脱炭素化につながる行動を通じて、本業自体の脱炭素化を進め、来るべき脱炭素社会においてもしっかりとした事業基盤を有する優良企業として存続し続けること。つまり、脱炭素社会に合致した事業構造となるように本業を変革し強化することです。

攻めのＳＤＧｓか、守りのＳＤＧｓか、どちらを選択するかは、それぞれの企業の業種や企業風土によって異なるかとは思いますが、筆者としては、まずは守りのＳＤＧｓから進めることを推奨したいと考えます。本稿にて述べてきた「まず自らを筋肉質に」ということは、まさに企業の守りにつながることになるでしょう。

第二にＥＳＧ投資家は、企業評価においてＳＤＧｓへの対応を非財務情報として活用するので、ＥＳＧ投資への対応としてＳＤＧｓを積極活用するという企業ビジョンを掲げて、自らの事業の持続可能性と強靭性をアピールしていくことです。脱炭素経営の中核テーマとして、ＳＤＧｓからの目標やターゲットの中から、脱炭素に資するテーマを抽出することです。

第三にＳＤＧｓ目標７：ターゲット７・３「２０３０年までに世界全体のエネルギー効率の改善率を倍増させる」にあるように、脱炭素経営の中核テーマとしてＳＤＧｓとも連動した気候変動問題を掲げることは効果的でしょう。気候変動問題に関しては、国際的にさまざまな脱炭素化に関連する構想（イニシアチブ）が提示されており、それらの構想に対しても自社の経営方針に合致したものを選択して、脱炭素経営の中心的な指標とすることです。

従来までは、日本の産業界の気候変動への取り組みは、業界団体ごとの自主行動計画などを設定し、それらを遵守していくという進め方が一般的でした。つまり、「赤信号、皆で渡れば怖くない」的な、あえて言えば受身的な集団行動でしたが、これからの厳しいグローバル競争の時代では、個社独自の事業の優位性・持続可能性などを示す能動的行動が求められるのではないでしょうか。

以上のことからも、筆者が本稿にて推奨したＥＰ１００、ＲＥ１００、ＳＢＴの三位一体での推進は、それ自体がまさにＳＤＧｓそのものでもあり、一挙両得の戦術となるでしょう。

「自らを筋肉質にするＥＰ１００をベースとして、その上で再生可能エネルギーを可能な限り導入するＲＥ１００を追求し、さらにサプライチェーン全体も含めた脱炭素化を推進するＳＢＴに取り組む」ことをＳＤＧｓへの対応としても進めることは企業価値を大いに高めることになるでしょう。

「もったいない精神」による日本国の復権を

もったいないとは、「物体（勿体）無い」と書き、もともとは仏教の思想から来ている言葉のようです。「物体（もったい）」には外見、品位という意味があり、その否定で

「物体ない」とは「妥当でない」「不都合である」という意味に使われていたようです。現在ではそれが転じて、「まだ価値のあるものが粗末にされて惜しい」という意味に使われるようになったとのこと。

この日本古来から物を大切にする文化は、世界に誇るべきことです。食べ物を粗末にしない、まだ使えるものは修理して利用するなど、もともと天然資源に乏しく、周りをすべて海に囲まれた小さな島国の日本が生き残るための貴重な先人の知恵なのです。

また、この「もったいない」という言葉を世界に広めようとしたのが、ケニア出身の女性環境保護活動家、政治家、2004年にはアフリカ女性として史上初のノーベル平和賞受賞者となったワンガリ・マータイさんです。彼女が2005年2月に京都議定書関連行事出席のため来日した際に、「もったいない」という日本語に感銘を受け、この言葉を世界共通語「MOTTAINAI」を広めることを提唱してくれました。

豊かになった日本の若者には「もったいない精神」など通じないよという方もおられるかもしれませんが、筆者はそうは思いません。私の息子は1990年生まれで、今日までまさに日本が失われた30年を経験してきました。それ故かどうかは定かではありませんが、私以上にものを大切にする「もったいない精神」を持っているように感じることがあります。経済的な成長をあまり実感できていないことが、逆に自然と質素倹約型の人間になっているようにも感じます。

また筆者がこの本の執筆を決意したのは、前章で説明した「ＥＰ１００イニシアチブ」に関して興味を持ち、この構想への日本企業からの参加がＴＣＦＤ、ＳＢＴやＲＥ１００のような他の構想類と比較して著しく低いことを知ってからです。現時点でたった3社しかＥＰ１００に署名しておらず、グローバルではゆうに１２０社を超えているにもかかわらずです。

ＥＰ１００の原点は、省エネルギーでありエネルギー効率化です。ものを大切に効率良く使いこなすというのが、「もったいない精神」を生まれながらに持っている日本人の得意技ではなかったのか、それなのになぜＥＰ１００への参加が少ないのだろうか。この疑問が本書の執筆への原動力となりました。

「日本企業はすでに省エネルギーはやり尽くしているから」という「絞り切った雑巾論」がこの現象の原因なのでしょうか。このあたりの要因をもっと探ってみたい。そこには今の日本が抱えている大きな問題や課題が隠れているのではないか。

再生可能エネルギーの導入を促進させる国際的な構想であるＲＥ１００について

は、日本企業はすでに50社以上が署名しており、グローバルで300社以上の中でもトップクラスとなっております。これはこれで良い現象かとは思いますが、この国土面積の狭い島国の日本では、再エネ導入量のトップランナーになることは物理的にも難しいですね。むしろ省エネルギー・エネルギー効率化では、過去にそうであったように世界のトップへと返り咲くことは不可能ではありません。

省エネルギー・エネルギー効率化における世界のお手本となるような日本国となっていくことを、そのためには、まずは企業が、特にグローバルでこれからも闘っていく企業が、さまざまなデータ類を駆使して世界が羨むような成長性も収益性も高い「データドリブン脱炭素経営」を目指し、それを具体的に実現してもらいたいと願っております。

脱炭素経営を通じたコロナ禍の克服を

1929年はアメリカの株価暴落に端を発した世界大恐慌の始まりの年として、歴史の教科書で知りましたが、2020年という年は、将来の歴史の教科書にコロナというウイルスが世界的な感染症のパンデミックを引き起こし、それにより世界経済が大混乱に陥った年として記憶されることになるでしょう。

このコロナウイルスによって、私たちは奇しくもいろいろなことに気づかされることになりました。それなりに便利だと思っていた世の中の仕組みに、まだまだ無数の非効率な点や無駄なことがあることに。そして、その非効率性や無駄によって、たくさんのエネルギーを使用し、同時に大量の温室効果ガスを排出し、結果として地球温暖化による気候変動を引き起こそうとしています。

社会の構造や仕組みを、地球温暖化を抑制し気候変動を緩和していく方向に変革していくことは、人類の持続可能性にとって必須のことのように思われますが、なかなか国ごと、企業ごとの個別の利害が絡むことで前に進めることが容易ではありません。

わが国の過去の歴史においては、明治維新でも太平洋戦争の敗戦においてでも、最近では東日本や熊本での震災においてでも、結果として外からの圧力をその後の復興、変革のエネルギーに活用してきましたが、人類はこのコロナというまさに憎憎しい外圧を利用して、社会全体を、気候変動を抑制・回避する方向へと変革することができるのではないでしょうか。

私はその変革を成功させるためには、リーダーシップが重要であると考えております。このリーダーシップとは、まずは国や集団を率いるリーダーシップというよりも、私たち一人一人の個人に向けられたリーダーシップだと考えます。自らの心のあり様をしっかりと見つめ、その心の迷い、恐れ、妬みなどのネガティブな感情をいかにマネジメントし、自らの心を自らの力でより前向きな方向へ持っていくか、これが個人に向けられたリーダーシップだと考えます。私は気候変動のようなさまざまな利害が複雑に絡んだ大問題は、まずはこの個人を律する真のリーダーシップが不可欠であると信じております。

企業内においては、社長をはじめとした現在の経営陣も、近い将来、経営者となる経営予備軍も、今は現場での脱炭素化に汗を流し苦労している未来の経営者も、それぞれにリーダーシップを発揮して気候変動を抑制・回避するための経営体制に変革していくこと、つまり脱炭素経営の構築に向けて全社が心を一つにして進めること、コロナ禍の今こそ、そこからの脱却を通じて、会社としての成長と脱炭素化の推進を両立させていくべきです。

最近、未熟な筆者の時々の弱気の心を鼓舞してくれるのは、天台宗の開祖である最澄の言葉です。

「一燈照隅　万燈照国」

地球環境問題・気候変動への対処する基本姿勢は、一人一人がこの精神に基づいて小さな活動でも地道に進めることではないでしょうか。

日本企業においても、脱炭素経営を進めつつ地道に小さな貢献を積み重ねることで、世界全体を脱炭素社会へと変革していくことに貢献してもらいたいと期待しています。そして、筆者自身も微力ながら企業の脱炭素経営化への支援を使命として、残された人生の時間と命を使っていきます。

22世紀を生きる君へ

筆者は1956（昭和31）年の20世紀半ばを過ぎたあたりに生まれました。あの太平洋戦争の敗戦から10年あまりが経っておりましたが、まだ街のあちらこちらに身体に戦争で障害を被った傷病兵の方が居たりしたことは目にした記憶があります。

それでも1964年の東京オリンピック、1970年の大阪万博と国際的なイベントを通じて、日本の戦後からの復興とその後の高度経済成長を実感しました。特に、中学2年生の時の万博では、「人類の進歩と調和」をテーマとした明るい希望に満ちた未来を予感させる高揚感に浸ったことをはっきりと記憶しております。人類に進歩と調和をもたらすのは、さまざまな先進的な「テクノロジー（技術）」であり、太陽の塔をはじめとした異様な形態のパビリオン建築に心躍らせました。そこには未来のテクノロジーに対する国民全体の絶対的な信頼と信用、そして期待があったように思います。

さらにその当時から筆者にとっての30年後の21世紀は、まだ遠い存在でありつつも、新しく進化したテクノロジーによって、素晴らしい夢のような世界が実現できるのではないかという期待に溢れたものでした。

さて現在は21世紀になって20年ほどが経過しましたが、確かにインターネットなどという筆者が少年の頃には想像もできなかったテクノロジーによって、当時では考えられなかったようなことが実現できるようになりました。ただ一方で、気候変動や今回のコロナのような感染症などのグローバル問題も山積しており、これらをどう解決していくかが今後の人類全体の大きな課題となっております。

筆者は２０２１年１月９日、コロナ禍の中、愛娘が女の子を授かりました。初孫なので「おじいちゃん」になりました。その孫のあどけない顔を見ていると、この子には現実的に十分22世紀もあるのだなと気づきました。この子が80歳になった22世紀には、この日本は、またこの地球はどうなっているのか、などと思わず考えてしまいました。

現時点では想像すらできないような素晴らしいテクノロジーや社会制度の革新によって、きっと素晴らしい世界が実現できているだろうなと思いたい。むしろ、そういう世界を実現するために、今を生きる我々はそれぞれができることにおいて最大限努力しなくてはいけないのだと、22世紀を生きる孫に頬を擦り寄せながら決意を新たにしました。そのことを自らの残された人生の目標とすることを誓い、本稿の筆を置くこととします。

了

執筆協力　株式会社日本総合研究所
創発戦略センター　スペシャリスト
新美　陽大

〈著者紹介〉

筒見　憲三（つつみ けんぞう）

愛知県犬山市出身。1979年京都大学工学部建築学科卒業、1981年同大学院工学研究科建築学専攻修了後、大手建設会社に入社。1991年ボストン大学経営学修士（MBA）取得。1992年㈱日本総合研究所に転職。1997年㈱ファーストエスコの創業、代表取締役社長に就任。2007年㈱ヴェリア・ラボラトリーズを創業。代表取締役社長に就任し現在に至る。

データドリブン脱炭素経営

エネルギー効率の指標化によるグリーン成長戦略

2021年9月15日　第1刷発行

著　者　　筒見憲三

発行人　　久保田貴幸

発行元　　株式会社 幻冬舎メディアコンサルティング
〒151-0051　東京都渋谷区千駄ヶ谷4-9-7
電話　03-5411-6440（編集）

発売元　　株式会社 幻冬舎
〒151-0051　東京都渋谷区千駄ヶ谷4-9-7
電話　03-5411-6222（営業）

印刷・製本　シナジーコミュニケーションズ株式会社

装　丁　　秋庭祐貴

検印廃止

Printed in Japan
ISBN 978-4-344-93620-1　C0034
幻冬舎メディアコンサルティング HP
http://www.gentosha-mc.com/